镇江市科学技术协会组织编译

机插水稻稀植栽培新技术

编委会

策 划　赵亚夫　赵振祥　张安明

编 委　张宜英　赵振祥　佘其瑞　张志明

　　　　邵锦亚　杨维勤　王亚东

主 译　赵亚夫

参 译　(以姓氏笔画为序)

　　　　毛忠良　毕鲁杰　向忠平　刘 雯

　　　　李传德　李 昕　宋颖娉　庞 晶

　　　　姚 勇　蔡金华　戴金平

审 校　张安明

江苏大学出版社
JIANGSU UNIVERSITY PRESS

镇江

图书在版编目(CIP)数据

机插水稻稀植栽培新技术 / 日本农山渔村文化协会
编;赵亚夫等译. 一镇江:江苏大学出版社,2014.5
(日本现代农业实用技术丛书)
ISBN 978-7-81130-725-2

Ⅰ.①机… Ⅱ.①日… ②赵… Ⅲ.①水稻插秧机—
水稻栽培 Ⅳ.①S511.048

中国版本图书馆 CIP 数据核字(2014)第 105245 号

SAISHIN NOGYO GIJUTSU SAKUMOTSU VOL. 2
© Rural Culture Association Japan
Originally published in Japan in 2010 by Rural Culture Association
Japan (NOSAN GYOSON BUNKA KYOKAI).

原书名:最新農業技術 作物 Vol. 2
版权说明:《最新農業技術 作物 Vol. 2》一书(日本农山渔村文化协会出版,
2010 年 3 月 15 日第一版第一次印刷)版权所有人经由日本农山渔村文化协会
授权江苏省镇江市科学技术协会,并由其全权委托江苏大学出版社负责中文版
的出版发行事宜。

机插水稻稀植栽培新技术
Jicha Shuidao Xizhi Zaipei Xin Jishu

编 者/日本农山渔村文化协会
主 译/赵亚夫
责任编辑/李菊萍 林 卉
出版发行/江苏大学出版社
地 址/江苏省镇江市梦溪园巷 30 号(邮编:212003)
电 话/0511-84446464(传真)
网 址/http://press.ujs.edu.cn
排 版/镇江文苑制版印刷有限责任公司
印 刷/扬中市印刷有限公司
经 销/江苏省新华书店
开 本/718 mm×1 000 mm 1/16
印 张/17.25
字 数/235 千字
版 次/2014 年 5 月第 1 版 2014 年 5 月第 1 次印刷
书 号/ISBN 978-7-81130-725-2
定 价/36.00 元

如有印装质量问题请与本社营销部联系(电话:0511-84440882)

目录 CONTENT

序一

桥川潮

栽插密度和氮肥施肥法（包括施肥时期和施肥量）都是会对水稻生育过程的长势、长相产生显著影响的重要技术因素。这两个重要技术因素相互间关系密切，原本是不好分的，可是在这里却不得不把它们分开，专门来谈栽插密度。

原来，日本水稻栽插密度有明确的区域特征，大体划分情况如下：温暖地区每亩 1 万 ~1.3 万穴，寒冷及高寒地区每亩 1.3 万 ~1.7 万穴。但是由于受到松岛省三氏提倡的所谓水稻 V 字理论的影响，人们对水稻栽插密度的思考发生了很大变化。这个理论通过庞大的研究数据，诠释出"条理清晰、系统完整"的水稻栽培理论，建立在这个理论基础上的栽培法很快在日本推广开来。

V 字理论把充分确保单位面积穗数作为水稻栽培最重要的命题，并把早栽、密植以及与增蘖关系密切的基肥等氮肥多量施用措施作为确保单位面积穗数的必要条件。它推进了全国的密植化，冲淡了水稻栽插密度的区域特征。直至 20 世纪 60 年代后半期，《现代农业》杂志（日本农山渔村文化协会，东京）开始频频登载有关稀植水稻具有强大生产力的报道，提出了有关对密植栽培多蘖化造成水稻生育弱体化反省的内容。

20 世纪 70 年代动力插秧机的普及推动了日本水稻栽培技术的迅速发展。至 1981 年，机插面积达到了日本水稻栽培总面积的 93.6％。使用机器插秧后，密植不再会增加水稻移栽作业的劳动强度。插秧机的机械特性，则决定了水稻栽培必然会更进一步密植化。机插主要是用小苗。培育小苗用的是内径 28 cm × 58 cm × 3 cm 的育苗硬盘或软盘，当时每盘种子播种量为密播 200 g（1.2 kg/m²），秧苗长到小苗状态时就会停止生长。插到大田时，会造成每穴栽插苗数很不均匀，出现每穴苗数过少甚至整穴无苗的情况，于是只好采用增加育苗秧盘播种量及机插时每穴苗数的方法，减少每穴苗数过少及缺穴等情况的出现，以满足日本农民喜好一眼看去自家田里绿油油一片（其实是密植、大棵把造成的）的精农主义情结，追求甚至是过度追求农业的精耕细作。即使这样，如果仍然发现缺穴，一般还要花费比机械移栽更多的用工量去手工补插，其实这项补插作业对提高产量完全没有效果。20 世纪 80 年代，很多地区的农业技术研究机构开展了常规密植栽培与稀植栽培（主要是扩大株行距、减少每亩穴数，而不是同时减少每穴苗数）的水稻生产力对比试验，从大量的试验资料汇总看，常规密植与稀植两者的产量并没有明显的高低之别，而稻体生育健壮程度却有显著差异，稀植水稻表现出对倒伏等多种生育障害有较强抵抗力的体质特征。遗憾的是当时没有特别强调，对当时的实际栽培技术也没有产生多大影响。

笔者长年从事高产水稻生育的长势长相研究，研究结果与 V 字理论有很多矛盾之处。1985 年，笔者提出了与 V 字理论完全相反的意见，指出无论是 V 字理论研究的方法，还是在其研究结果基础上建立的实际栽培技术理论应用，都犯了很严重的机械论错误。笔者还指出，V 字理论所要求的多蘖水稻，会对生育中期以后水稻稻体及其生产能力的提高形成负影响，而且稻体体质对倒伏等外来障害的抵抗力变弱，增加了产量不安定的风险。

笔者提倡的水稻栽培理论主张充分活用水稻个体持有的出色生产力和水田土壤持有的出色生产力。具体来讲，就是通过稀植（较低的密度）及小棵把（较少的每穴基本苗数）栽插，尽可能减少与分蘖增加关系密切的基肥等氮素肥料的施用量，得到足够的分蘖；生育中期（最高分蘖期至幼穗分化始期）积极施用氮素肥料，促进稻体上部节间的伸长，以改善植株姿态；灌浆结实期伸长光合作用能力最强的上部叶片，以扩大稻体，提高其生产能力。以上论点与 V 字理论完全不同，栽培的稻体生育全过程的长势长相也完全不同。很遗憾，有关问题在这里不能详述，但读者如能对后面将要阐述的稀植水稻出色的生育及丰产性有所理解，也就能理解笔者的水稻栽培理论了。笔者的这一理论被称为"逆 V 字理论"（回忆起来，最早以此命名的还是中国湖南省农科院水稻研究所的刘云开先生）。"逆 V 字理论"在日本、中国都产生了一定影响。

那么，中国的稻作栽插密度有怎样的演变过程呢？ 1958 年，中国为实现经济高速增长的目标，实施了"大跃进"政策。水稻栽培强调综合实施农业"八字宪法"（土、肥、水、种、密、保、工、管）的重要性。这里的"密"就是密植，具体来讲就是依据不同条件推广每亩 2.7 万~4.7 万穴的栽插密度，每穴栽插 5~10 苗的大棵把（指较多的每穴基本苗数）。高产示范田曾出现每亩 6.7 万穴以上的超密植栽培。后来，随着超密植栽培水稻生育多方面缺陷的暴露，开始降低密度并逐步稳定。但是受超密植习惯的影响，所谓的稀植仍然是相当程度上的密植，一般是每亩栽插 2.0 万~3.3 万穴，每穴栽插 4~5 苗的大棵把。

20 世纪 70 年代后半期开始，杂交水稻品种迅速推广。由于杂交水稻个体具有很强大的生产力，所以采用了相当的稀植及小棵把（指较少的每穴苗数）栽培措施。当然，杂交水稻种子产量低、价格高也是稀植的一个原因。可是一般普通品种，却并没有看到稀植化的动向。当时在中国，V字理论稻作受到很高的评价，且导入了"两头促，中间控"的栽培技术。这也是一般普通品种没有走向稀植栽培的一个重要原因。

20世纪80年代以后，中国各地的农业技术研究机构加强了与环境保护有关的水稻"低耗、高效、高产、稳产"的栽培技术研究，明确了稀植水稻出色的生产性能。但是还不能就此说这些研究成果对大面积水稻生产造成了多大的影响，这与日本的情况类似。这表明水稻栽培要从原来的习惯技术中有所突破，还是很困难的。

笔者自1984年以后到中国共约20次，访问了江苏、湖南、山东等多地，多次应邀作"逆V字理论"讲座，并进行田头现场指导。江苏省镇江地区以赵亚夫先生为代表的团队独自开展着水稻稀植栽培的研究，并在当地推广，取得了众所周知的成果。山东省临沂市河东区规划了笔者的稻作理论现场实证示范田，设置了无肥料区、常规区（多量氮肥、基肥重点施肥、密植、大棵把栽插）和"逆V字理论"区（氮肥用量减半、追肥重点施肥、栽插密度减半、每穴栽插苗数减半）共3个处理区作比较，结果显示常规区仅比无肥区增产7%，而大幅减少投入的"逆V字理论"区却比无肥区增产28%，比常规区增产20%。这是一个很好的案例，表明追求多蘖、多穗的密植及多肥水稻栽培，尽管投入较多的劳力和生产资料，却仍然达不到提高产量的目的。这也是一次从实际中认识和学习水稻个体及水田土壤持有出色生产力的好机会。临沂当地推广"逆V字理论"栽培法，获得了很大的经济效益。2003年笔者获得临沂市政府颁发的友谊奖。

下面具体介绍一下稀植水稻与密植水稻在生长发育方面的差异。

（1）稀植水稻单位面积的分蘖数较少，但有效茎比率（成穗率）高，抽穗比较一致，穗子大小比较整齐，穗数虽不及密植水稻但能得到必要的充足数量。稀植水稻能长出较粗的茎秆并长成大穗，单位面积颖花数虽少一些，但差异并不显著。

（2）稀植水稻茎秆下部伸长节的节间较短，上部节间伸长得较长。灌浆结实期茎秆下部的叶片较短，上部叶片较长，而且叶片较宽，叶肉较厚。稀植水稻植株株形张开，水稻叶面积的田间立体分布在稻体群落上部所占的比重较大。由于群落上部叶片的光合成能力比下部叶片要大很多，而且它的上部叶片一般不易伸长过度，保持着相当的直立能力，受光态势良好，容易接受较多光照。稀植水稻根系粗壮，灌浆结实期仍能维持较强功能，尽管穗子较大，结实度却仍然良好。其米质被认为较优良，也是有道理的。

（3）由于稀植水稻具有以上的生育特征，因此它的抗倒伏能力较强，且具有较强的应对多种病虫危害的体质。

（4）稀植水稻谷草比肯定较高，即使单位面积的生育量（稻草与稻谷加起来的生物产量）比密植水稻稍低些，也仍能得到与密植水稻相同程度的产量，假如能获得相同程度的生育量（生物产量），就可期待获得增收。也就是说，稀植栽培的生产效率较高。

还想说一下的是，本书中多处提到的一些稀植事例相对比较极端，需要相应的配套条件，但可以把它作为稀植化的目标去努力。重要的是依据不同的条件，尽可能地减少每穴栽插基本苗数。当然，研究稀植与施肥的综合组装，尽可能地减少对增加分蘖有着密切关系的氮肥施肥量也很重要。

中国湖南有"喜人的禾，气人的谷"的说法（译注：译者家乡的说法是"笑苗哭稻"）。冲破旧的栽培习惯束缚，在充分理解稀植水稻出色生产力的基础上，积极努力地参与稀植栽培实践，期待中国朋友们早日实现水稻"低耗、高效、高产、稳产"的目标。

（作序者为日本滋贺县立大学交流中心名誉教授）

序二

张洪程

水稻是我国第一大粮食作物，其产量约占全国谷作物总产量的 40%，全国 60% 以上的人口以稻米为主食。水稻生产对我国粮食安全和社会稳定具有战略意义。

水稻机插是水稻栽培技术的一次革命。机械栽插是水稻机械化生产的重要内容，它不仅省工节本、劳动强度低、劳动效率高，还能改进作业质量、抵御自然灾害、增加水稻产量，对加快水稻生产规模化、产业化经营进程具有重要意义。然而，在生产实践中存在迟播、密播、密植以及不合理肥水管理等不当措施，导致机插水稻个体生产力偏小，群体质量偏差，产量和品质潜力得不到充分发挥。

赵亚夫先生主译的《机插水稻稀植栽培新技术》一书，详细阐述了机插水稻稀植栽培技术的原理和应用，以大量系统的对比试验研究结果，对不同栽插密度水稻的生育特性、稻米品质、产量水平、施肥水平等进行了全面的比较和分析。与传统机插稻高密度、大棵把栽插方式相比，稀植栽插更有利于发挥水稻个体生产潜力，优化群体结构，提高群体质量。这一点，已得到包括赵亚夫先生在内的国内诸多农业技术单位和专家的现实成果的有力验证。

该书科学性强，有较高的学术水平，紧密联系实际，数据翔实，措施具体并有较强的可操作性，对发展水稻机械化生产，促进水稻低耗、高效、高产、稳产具有重要的指导价值，可供稻作工作者、广大农村基层干部和稻农在水稻生产实践中参考。

（作序者为扬州大学教授、博士生导师）

序三

　　四年前，日本农山渔村文化协会（简称农文协）出版了"最新农业技术系列丛书"作物篇之二《水稻省力栽培最前线》特辑，"水稻稀植栽培新技术"是该书的主要内容。镇江市科学技术协会（简称镇江市科协）领导十分重视对该内容的中文翻译出版工作，又得到了江苏大学出版社领导的热情响应，再加上有关单位翻译人员的积极参与，在日本农文协的大力帮助支持下，翻译出版工作进展顺利。作为镇江市科协和江苏大学出版社合作出版的"日本现代农业实用技术系列丛书"的第一册——《机插水稻稀植栽培新技术》即将面世。这里，我简单介绍一下翻译出版《机插水稻稀植栽培新技术》一书的背景和自己的一些想法。

　　1982 年去日本研修之前，我在镇江地区农科所从事稻麦栽培技术研究与推广工作，当时作为课题组成员，配合凌启鸿老省长进行水稻叶龄模式研究时，就做过稀播壮秧少苗栽插等试验，得出了稀植栽培省工节本，高产田能增产、一般田不减产的结论。研究成果曾在江苏省原镇江地区大面积推广，促使当时镇江地区水稻单产超过苏州达全省最高水平，直至 20 世纪 80 年代实行农村家庭联产承包。这一研究成果为镇江粮食产量恢复并达到历史最高水平做出了一定贡献。可能也是缘分吧！在日本研修期间，我读到了《现代农业》上刊登的桥川潮先生有关水稻稀植的文章，知道日本也很重视这方面的研究，正在普及推广。我想，这不正是学习的好机会吗？在研修地农户近藤牧雄先生的帮助下，我们去滋贺县拜访了桥川先生，不仅受到了热情的接待，还学到了不少有关水稻稀植的理论和技术，并带回了桥川先生赠送的资料。回国后，我一方面和镇江农科所的同事们一起开展草莓、葡萄等的引进、试种、推广工作，另一方面也继续做水稻稀植栽培方面的研究。当时，还两次邀请桥川潮先生来镇江讲课，记得第一次是在句容招待所，听课的除本市的相关人员外，还邀请了原镇江地区各县的农业部门人士参加，共200多人，这更进一步地促进了水稻稀植技术的推广。记得镇江地区水稻单产过500 kg就是在那段时间。

一晃又19年过去了，中国农业发展到今天，水稻生产发展到今天，面临着种田以老年和妇女农民为主，大面积使用机械插秧和收割，生产资料涨价，人工工资上升，种粮效益下降，高密度多肥多药种田，环境问题，食品安全问题，提倡合作社、家庭农场搞适度规模等问题，这些不正是日本20世纪六七十年代走过的路、遇到的问题吗？我们除了从宏观农业经济的角度思考这些正面临的农村、农业问题外，在水稻生产技术路线或技术体系方面，能否借鉴日本当时的经验和教训，结合江苏的实际情况，学习他们成功的先进实用理论和技术，搞一场较大的科技革新，取得较大的技术性突破呢？

从2012年冬天开始，在镇江市科协的指导与帮助下，我主持开展了《机插水稻稀植栽培新技术》一书的翻译工作，同时结合农村生态农业、有机农业的示范推广，2013年在句容市天王镇及该镇戴庄村、唐谷村，还有丹徒区高资镇水台村及天成畜牧公司、上党镇五塘村，和农技人员及农民一起做了一些水稻稀植栽培的示范性试种工作。除了前几年大面积试种的"越光""阳光"等细秆不耐肥品种外,还选用了大面积生产中正在推广应用的"南粳5055""镇糯19""镇稻16"等粗秆耐肥品种。初步看来,稀植栽培已取得了较好的效果。首先是大幅度减少甚至不用化肥后,长势仍然正常,叶色好,穗数虽然少些,但穗形较大,产量并不比常规高产田低。例如,句容天王镇唐谷村试种的"镇糯19",采用30 cm×20 cm的株行距,每亩1.1万穴、每穴3~4苗的机插秧,每亩施复合肥35 kg、尿素22.5 kg,折纯氮14.25 kg,一般亩产达550 kg,高产田过650 kg。

丹徒区高资镇水台村的蔡贵林种了两块示范田,用的是"镇稻16"品种,前茬都是红花草。其中,一块田的株行距为30 cm×24 cm,每亩0.93万穴,机插秧,稻田养鸭,没打任何农药,8月17日每亩施5 kg尿素,折纯氮2 kg,亩产613 kg;另一块田的株行距为30 cm×20 cm,每亩1.1万穴,8月17日亩施2.5 kg尿素,折纯氮1 kg,打过一次短稳秆菌防纵卷叶虫,亩产687 kg。周边田块前茬也多为红花草,一般株行距为24 cm×18 cm,每亩1.4万穴,打药6次,基肥高浓复合肥20 kg/亩,追肥尿素20 kg/亩,折纯氮11 kg/亩。但多数田块有稻飞虱虫宕及纹枯病倒伏,亩产只有550 kg左右。

句容市天王镇戴庄村试种的"南粳5055"有机稻,株行距为31 cm×28 cm,每亩0.77万穴,什么农药、化肥都没用,基肥每亩施了2.5 t醋糟微生物发酵肥,亩产达到了525 kg。田间检查很少见到纹枯病及稻飞虱,蜘蛛等天敌数量大大高于大面积常规田,而稻飞虱虫口密度却大大低于大面积常规田。明年适当增加密度,产量应该还能提高。

桥川先生曾在山东省临沂地区指导大面积推广水稻稀植技术,得到增产5%~10%、减少农药用量50%、减少化肥用量50%的效果。看来两地趋势相同,可以说水稻稀植栽培省工节本、减少面源污染的效果十分明显，至于产量，保守来说并没什么影响，甚至平产或增产的可能性很大。如果下一步的生产实践结果认同了这个推断，那无论是对稳定粮食生产，还是对环境保护和食品安全，以及对镇江市、江苏省甚至长江中下游地区的水稻生产而言，水稻稀植栽培都应该是一项重大的农业技术革新。期待着《机插水稻稀植栽培新技术》一书尽快在这个重大的农业技术革新过程中发挥出重大作用。

谢谢众多热心中日农业友好交流的朋友们、同行们！也谢谢热心的读者们！

（作序者为江苏丘陵地区镇江农科所原所长，
句容市天王镇戴庄有机农业合作社顾问）

1

第一部分

稀植栽培基础知识及其应用

> > > > > >

△秧田（日本埼玉县，4月

◁秧田（日本埼玉县，5月）

本书插图均由日本农山渔村文化协会提供

稀植栽培的历史、生育特征及其现实意义

1 稀植栽培的现实意义

水稻稀植栽培技术正静悄悄地在日本各地推广普及。原因很多，其中之一是现今大米价格低迷，必须努力降低成本。因为随着稀植带来的单位面积栽插秧苗数的减少，育苗相关的生产资料、设施、管理用工以及秧苗的搬运、栽插等一系列生产过程中的成本支出都可以减少。

另外，各地都在提倡不用或少用化学农药和化学肥料，而稀植栽培可以充分发挥水稻的潜在生命力，维护稻体自身的健康，有利于实现不用或少用化学农药、化学肥料，促进稻田多种生物的繁衍共生，改善农业生态环境。对生产者和消费者而言，这是一种安全、安心的稻作技术，是非常适应当今粮食生产发展趋势的一种农法转换运动。

经常有人问：到什么程度才算稀植呢？答案是：没有固定栽插穴数就算是稀植的定义，比如每平方米 10 穴（约 6 670 穴/亩），但至少要在每平方米 15 穴（约 1 万穴/亩）以下才可算是稀植。另外，以田间栽插基本苗多少来划分，一般的经验是 45 苗/m²（约 3 万苗/亩）以下，被认可为稀植。

即使明确地提出多少穴、多少苗的稀植严密定义，也会因为每年气象条件的不同、各地土壤条件的不同而不同。水稻又是活的生命体，与机械不一样，经过漫长年代的改良、进化，品种由穗重型演变成穗数型，成为分支性强的作物。对不同的栽插密度，其已具备幅度相当的对应能力。稻作栽培中，利用水稻持有的分蘖能力是有现实意义的。

日本列岛从北到南范围很广，可是各地水稻单位面积的栽插密度差异却很小，全日本平均约为 1.3 万穴 / 亩，最密的北海道约 1.5 万穴 / 亩，仅比全国平均数高约 0.2 万穴 / 亩。目前，并没有全日本统一的密度标准。另外，大量投入化学农药以对应病虫害的发生，也已成为一般的稻作技术了。

其实，对复杂的、多类型的稻作栽培来说，用一个范围狭窄的限制条件并不是件好事。稀植栽培应该突破现有的一般栽插密度，结合不同地区自然条件的共同性和多样性，灵活考虑地域差异和土壤条件、经营内容等因素，甚至考虑生产者自己的个性爱好，使稻作栽培成为一件轻松愉快的事情。

本文试图结合日本稻作技术的历史变迁，分析当今机插水稻栽培技术存在的问题，探讨稀植栽培稻作技术。希望这个探讨能够成为创建一个既能丰富水田生物多样性，又能实现水稻高产稳产新农法的契机。

2 栽插密度的正确掌握

水稻的栽插方式有株距、行距相等的正方形栽插和行距大、株距小的长方形栽插，随着行距、株距之间的大小比率变化，每穴和每单位面积栽插的基本苗数发生变化，水稻的生育模式也会发生改变。利用好水稻生育的特点，通过调整栽插密度来提高水稻的产量品质，是很有意思的。

不仅是水稻，很多作物播种或移栽时都要按一定的距离间隔。

如果距离不均匀，就会造成对作物生长而言不可或缺的阳光照射的不均匀：过密的地方，或是叶片颜色很快变淡，生育迟缓，个体之间大小不一；或是生长过于繁茂，不仅稻体生长软弱容易倒伏，还会形成病害容易发生的稻田环境，最终造成产量、品质的损失。过去我们说的水稻栽插密度，往往只是指每亩栽插穴数，其实每亩穴数相同但每穴基本苗数插得不一样，水稻的生育特点也是不一样的。普及机插秧以后，每穴基本苗数普遍增加，虽然水稻个体都是有独立性的，但个体间互相竞争直到把对方淘汰的可能性还是比较小的，即水稻仍属于耐密植的作物。因此研究栽插密度时，需要重视单位面积的栽插基本苗数和每穴栽插基本苗数。

水稻干物质生产的基本能源来自太阳能。太阳能虽不受人类控制，但是我们可以通过稀植栽培，按确保最适叶面积指数要求，掌握栽插适宜的基本苗数，把握好秧苗质量、施肥量、施肥时期、水管理等能够采用的太阳能利用措施。

3　稻作技术和栽插密度的变迁

3.1　二战前的稀植、密植

二战以前，日本有稀植的农户，也有密植的农户。山区灌溉水较冷的地方，发苗较差，难以确保一定的苗数和穗数，栽插密度往往达 70~80 穴/3.3m^2（1.4 万穴/亩 ~1.6 万穴/亩），属密植；平原地区则往往达 50 穴/3.3m^2（约 1 万穴/亩），属稀植。

从全日本看，气温较高的西南暖地，因为氮素肥料容易分解，插秧后分蘖苗数上升较快，导致最高分蘖期在幼穗分化期前就出现，水稻后期生育往往出现早衰现象。为此，当地采取减少基肥氮素肥料用量及降低栽插密度的做法，以调节苗数增长的节奏。因此，日本西南暖地的栽插密度比关东、东北等地要少，形成所谓的"西低东高"。

东北地区，由于秋季降温较早，原本水稻生长期较短，而且战前普遍采用水育秧方法，秧田落谷要待春季气温上升后才进行，比现在的播种期要迟，插秧就推迟到了5月下旬至6月上旬，进一步缩短了当地的稻作生长期。再加上当时化肥价格较高，基肥多用鱼粉、豆粕、堆肥等有机肥，而与现在多用速效化肥不一样，有机肥肥效较慢，水稻发苗也慢。在残暑较长的年份还会补施少量氮素肥，而追肥往往推迟生育。容易出现冷夏自然灾害的地带，水稻生育推迟情况更为严重，抽穗推迟容易遭遇低温，发生延迟型冷害。

如果增加单位面积的穴数和苗数，分蘖发生的动态模式就起了变化（参考图5），最高分蘖期提早，相对容易获得一定的穗数、粒数。因此，二战前日本东北、北海道，为了促进水稻的生育，防止生长延缓，避过秋季冷害，确保穗数、粒数，实现稳产高产，采用了提高栽插密度的做法。

3.2　二战后稻作技术的急剧变化

二战后，日本稻作史上发生了之前从未有过的急剧变化，之前从未使用过的化学农药（杀虫剂、杀菌剂、除草剂）很快就开始进口了，1947年DDT，BHC成为指定农药，1949年确认有机汞剂对稻瘟病有效，1951年有机磷杀虫剂登陆。随着战时产业向和平产业转换，农机开发有了较快进展，动力机械替代了人力、牛马作业，轻量中速水冷发动机急速普及。当时的日本正处在有人饿死的粮食恐慌时代，为了解决粮食问题，提出了提高单产和拓荒开田的紧急对策，这是当时因外汇不足无法大量进口而只能采取的措施。政府资金重点投入化肥厂，1948年开始肥料用尿素的生产，1950年开始熔磷、氯化铵的生产，1951年化肥生产量恢复到战前水平，1954年前后化肥配给取消，开始自由买卖。同时，保温折衷育苗方法很快普及，并取代了原先的水育方法，既提早了水稻播期，回避了过去那样的育苗风险，又确保了健苗的育成，提早了水稻栽插期，拉长了水稻营养生长和生殖生长期。这样，东北地区的延迟型冷害得到解决，单产增加并安定化，原来不适宜种稻的地带变成了适宜地带。此外，拖拉机替代牛马，原本承担地力维持作用的家畜饲养数量急减，代之而起的是速效化肥，施肥体系从以有机质肥料为主体变成了以化肥为主体。传统稻作文化的继承和延续也发生了变化。从这些大变化中产生了现今日本稻作技术体系的原型。

3.3　粮食增产运动中对密度问题的研究

（1）"最终生产量恒定"定律

日本的水稻栽培以移栽为主，自古以来栽插密度一直都是研究对象，这方面的研究报告很多。二战后的粮食增产运动过程中，因为栽插密度直接关联稳产、高产而再次被提出。有关栽插密度的研究方向有二：一是探明栽插密度的密度效果规律；二是对实用最适密度的研究，如不同类型品种或不同栽培季节情况下高产的最适密度研究等。

在栽插密度理论研究中有较大影响的是大阪市立大学吉良氏等有关"最终生产量恒定"定律的提出（1953年）。该定律指出，随着栽插密度的增加，单位面积全干物重产量（包括根部干物重在内）也不断增加，但是栽插密度达到一定程度以后，全干物重产量就不再增加，恒定在某个数量不变。该结论在农学界产生了较大影响，山田登氏做了不同基肥用量条件下的栽插密度试验，还整理了吉良理论提出前的栽插密度试验资料，也得出了稻谷产量遵循"最终生产量恒定"定律的结论。即随着栽插密度的增加，每穴穗数、穗重减少，但是单位面积的穗数、穗重会增加。而且，随着栽插密度增加，单穗重会降低。因而，在一定限度以上的密度条件下，单位面积的穗重是一定的，符合"最终生产量恒定"定律。

前面已经讲过，水稻植株间互相竞争时彻底淘汰对方比较难，高密度栽培时，即使是不产生任何分蘖的独干主茎，也能顽强地坚持成穗。按照这个稻作基本原理，如果水稻生产以独干主茎为主体，就成了一种极力抑制水稻分蘖力的栽培方法，这是与稀植栽培形成极端明显对照的一种观点。

（2）对"最终生产量恒定"定律的疑问

早在 1933 年，近藤氏用"撰一"品种做试验得出的结果是，9 700 穴/亩及 1.2 万穴/亩产量均高，稀植的 7 300 穴/亩、密植的 1.5 万穴/亩产量都显著低。分析原因为："当年天气非常好，高温多日照，稻株初期生育很旺盛，茎叶繁茂郁闭，孕穗期看上去就像快要倒伏的样子，试验密度愈高的处理，这种过繁茂现象愈明显。当年稻瘟病害很重。"根据笔者多年的经验，做栽插密度试验时，即便在通常的氮肥用量范围内，也常会因当年的天气或追肥的时间等影响，密度愈高的处理愈容易出现过繁茂情况，最终导致稻瘟病或倒伏。北海道农试场做过不同基肥用量条件下的密度试验，得出了氮素基肥用量多的条件下，栽插密度愈高，产量愈低的结论。还有，至今所有的密度试验报告都指出，凡日照不足之年，都是栽插密度高的产量低，即使在天气好的年份，也有不符合"最终生产量恒定"定律的情况出现。

笔者认为，从实验科学水平来衡量，"最终生产量恒定"定律即使能够成立，但是在生产现场，如果不加入某些参变因数，这个定律也是不能适用的。对农户来讲，当他看到田里苗数不足时，一定会负责地追施氮肥，努力确保必要的苗数。反过来，当他看到田里苗数过多时，会采用深水管理以抑制过多的苗数产生。实验科学的成果要能在生产现场适用，必须要对生产现场的情况、特点和问题有深刻的把握。

3.4 水稻移栽机械化

二战前，农业动力机械只有脱粒机、调制机、精米机等。二战后，从超小型手扶拖拉机的普及开始，耕、耙作业逐步机械化，接着病虫害防治药剂散布的动力机械及收割机械不断开发，到1955 年前后，机械化与化学肥料的大量应用，共同促进了土地生产率与劳动生产率的大幅度提高。

插秧机械是稻作机械化中最晚登场的机种。表 1 是 1975 年日本东北地区插秧机的普及状况。其中宫城县的机插面积最大，占全部水田面积的 85%，然后依次是山形县占 81.6%，岩手县占 72%，福岛县占 71%，秋田县占 64.8%，青森县占 44.3%。当年，青森县开发了中、成苗插秧机取代原先的小苗插秧机，机插面积比上年猛增了 22.3%。以后数年内机插秧完全取代了手工插秧。

表 1　1975 年日本东北地区插秧机的普及状况

县名	机插秧面积（公顷）	占全水田面积的百分比（%）	比上年增幅（%）	拥有台数（台）
青森	35 586	44.3	22.3	12 227
岩手	65 492	72.0	17.0	23 000
宫城	91 000	85.0	17.0	34 757
秋田	80 295	64.8	23.1	23 000
山形	81 900	81.6	18.2	41 847
福岛	77 600	71.0	13.0	33 323

（日本东北农政局）

日本插秧机迅速普及有以下一系列背景：

①效率高。当时手插秧 1 个人 1 天只能插 0.07 公顷（约 1 亩），而机器 1 个小时就能插 0.1 公顷（约 1.5 亩）。机插秧不仅效率高，而且农户也轻松得多。

②当时农村已进入季节性雇用劳动力严重不足的时代，迫切需要引入插秧机械。

③机插秧容易控制栽插密度。当时，能提高栽插密度的插秧

机，被认为是高性能的。

④ 既摆脱了繁重的插秧人工劳动作业，又保证了插秧这一重要农事，做到适时栽插。

今天，高性能的拖拉机、联合收割机等大型机械已广泛普及，实现了水稻生产全程机械化。

4 机械插秧带来的水稻生育变化

4.1 密植化、每穴苗数增多及不均匀程度加大

机插秧苗按苗龄大小分为小苗、中苗、成苗三类，现在的技术规程标准如下：在宽 30 cm，长 60 cm 的育秧盘里，育小苗的播种量为 160 g，育中苗的播种量为 120 g，育成苗的播种量为 30~40 g。每盘 160 g 种子播下去育出的小苗秧盘，看上去就像一块绿垫子（秧毯），真叶 2.5 叶期就用于机械栽插。与开始使用插秧机时相比，现在的播种量已减少很多。

每穴栽插苗数如图 1 所示。

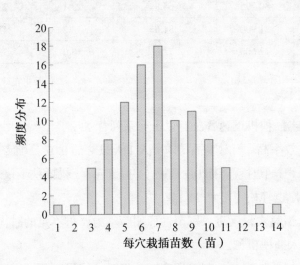

图 1 每穴栽插苗数与频度分布

由图 1 可以看出，每穴栽插苗数从 1 苗到 14 苗都有；从频度分布看，每穴 7 苗最多，每穴 6~8 苗的占全体的 44%。与手插秧时代相比，小苗每穴栽插的苗数要高出 3 倍以上。手插秧每穴苗数可以经过选别，如每穴插 2~3 苗等，而机插时则设定好秧爪的秧苗抓取幅度，机械取苗。因此，育秧盘播种时的种子分布均匀程度及疏密状况，就会以每穴栽插苗数的多或少在大田里被反映出来。由此可见，机插秧通过增加每穴苗数比手工插秧提高了栽插密度。

4.2 大田茎蘖数增加过快，容易造成稻体软弱

图 2 反映了水稻田间茎蘖增长的动态。分蘖期遇高温天气时，田间茎蘖数急速增长，高峰期能达 700 苗/m^2（约 46.7 万苗/亩）。但不同年份间差异较大，分蘖高峰期有在 7 月初出现的年份，也有在 7 月中旬出现的年份。

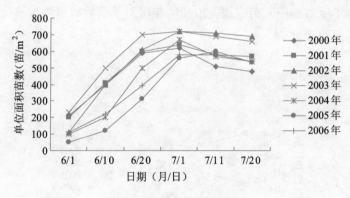

图 2　单位面积苗数动态

水稻的分蘖苗由主茎各节分化形成的分蘖芽伸长而来，移栽后的生育过程中，主茎每长出 1 张叶片即能形成 1 个分蘖芽。理论上，每穴栽 7 苗分蘖芽的增加速度是每穴栽 1 苗时的 7 倍。但

实际情况下,由于苗与苗之间对阳光及养分的竞争,7倍是达不到的。不过可以肯定的是,每穴栽插苗数愈多,每穴长成的茎蘖数也会愈多,株间相互遮蔽程度也愈高,照射进的阳光就愈少,因此水稻株型往往缺乏开张而呈圆柱形,而且茎秆细软,容易诱发稻瘟病、纹枯病,再加上光照不足引起的下部节间过长,抗倒伏能力明显下降。

4.3 茎蘖数增加的速度与分蘖高峰期来临的早迟

图3反映的是不同年份田间茎蘖消长的动态情况。由图可见,2001年、2002年、2003年三年田间分蘖最旺盛的时期都发生在6月10日以前,属于早发年份。2000年和2004年在6月20日,2005年、2006年在7月1日。过了这个时期茎蘖增长速度就逐渐减缓了。

这个地区水稻幼穗分化期在7月10日前后,2001年、2002年、2003年幼穗分化发生在水稻茎蘖增加速度急速下降的时期,这时田间植株相互遮蔽程度已经强化,氮素养分供给能力已经低下,也就是说这几年的幼穗分化处在水稻生长活力减退的时段。这也反映了生育初期发苗很快、很猛的年份,茎蘖数减退、无效化开始的时间比较早。

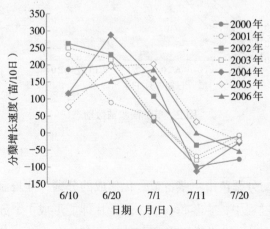

图3　分蘖增长速度

手插秧时代，西南暖地的水稻分蘖高峰期出现在幼穗形成期前，东北地区大体上分蘖高峰期与幼穗形成期同时出现，北海道则幼穗形成期在前，分蘖高峰期在后。但进入机插秧时代以后，东北地区的分蘖高峰期却常跑到幼穗形成期之前，原因就在于机插后每穴苗数增多，氮素基肥增多。

5　不同栽插密度条件下的水稻生育差异

下面介绍田间改变栽插密度的做法，栽插密度改变后水稻的生育状况起什么变化以及改变栽插密度会对稻作栽培带来什么影响。

5.1　改变栽插密度

做法基本有两种：一种是改变栽插的株距、行距，从而增加或减少单位面积上栽插的穴数；另一种是改变每穴栽插的苗数。实际上，农户们往往采用以上两种做法的组合，既改变每穴栽插的苗数，又改变栽插的株距、行距，从而改变栽插密度。

现今的插秧机行距基本固定在 30 cm，大都通过调节株距及每穴苗数来调节栽插密度。

5.2　行距、株距和每穴栽插苗数

（1）改变行距、株距的影响

表 2 反映的是在每穴保持插 2 苗的情况下，株距、行距由 16.6 cm × 16.6 cm 正方形栽插，分 7 个等级逐步增加到 47.1 cm × 47.1 cm 栽插密度的情况。其中，株距与行距的积（面积，cm^2）被称为每穴的地上部空间容量。每穴的地上部空间容量与水稻根系生长范围（假设为 20 cm）的积，被称为每穴的地下部土壤容积。

表2　移栽样式与每穴地上部空间容量和地下部土壤容积

栽插样式 （cm×cm）	16.6×16.6	19.1×19.1	21.0×21.0	23.4×23.4	27.1×27.1	33.1×33.1	47.1×47.1
移栽穴数 （穴/m²）	36	27	23	18	14	9	5
移栽密度 （苗/m²）	72	54	46	36	28	18	10
地上部空间容量 （cm²/穴）	276 （1.0）	365 （1.3）	441 （1.5）	548 （2.0）	734 （2.7）	1.095 （4.0）	2.218 （8.0）
地下部土壤容积 （cm³/穴）	5 520 （1.0）	7 300 （1.3）	8 820 （1.5）	10 960 （2.0）	14 680 （2.7）	21 900 （4.0）	44 360 （8.0）

注：① 栽插样式，如16.6×16.6是指行距16.6 cm、株距16.6 cm的正方形栽插。

② 每穴移栽2苗。

③ 每穴地上部空间容量：16.6 cm×16.6 cm=276 cm²。

④ 每穴地下部土壤容积：16.6 cm×16.6 cm×20 cm=5 520 cm³。

⑤ "地上部空间容量"数值下方的括号内表示与16.6 cm×16.6 cm之比。

⑥ "地下部土壤容积"数值下方的括号内表示与16.6 cm×16.6 cm之比。

　　从表2中可看出，不同栽插密度情况下，每穴的地上部空间容量变化很大，16.6 cm×16.6 cm是276 cm²，23.4 cm×23.4 cm是548 cm²，后者是前者的2倍。33.1 cm×33.1 cm时则是16.6 cm×16.6 cm时的4倍。同样，地下部土壤容积也随栽插密度的不同而产生变化。

　　每穴植株地上部空间容量大小，可以作为每穴植株受光量多少的指标；同时也可以作为二氧化碳供给，穴内植株间气温、湿度变化等对稻体地上部生育会产生诸多影响的各种自然要素变化的指标。地下部土壤容积的大小与各种养分和水分的供给有关，可以作为养分和水分供给的指标。

（2）改变每穴栽插苗数的影响

　　表3反映的是在株距 × 行距保持23.4 cm×23.4 cm不变的情

况下，每穴栽插苗数由 1 苗、2 苗、4 苗逐步增加到 8 苗时得到的结果。栽插密度也就是单位面积的栽插苗数（苗/m^2），每穴插 1 苗的是 18 苗/m^2，插 2 苗的是 36 苗/m^2，插 4 苗的是 72 苗/m^2，插 8 苗的是 144 苗/m^2。可是各处理下每穴的植株地上部空间容量却都是 23.4 cm×23.4 cm=548 cm^2，没有差别；各处理下每穴的地下部土壤容积也都是 1.096×10^4 cm^3。

表3 每穴栽插苗数和栽培密度

栽插穴数（穴/m^2）	18	18	18	18
栽插苗数（苗/穴）	1	2	4	8
栽插密度（苗/m^2）	18	36	72	144
地上部空间容量（cm^2/穴）	548	548	548	548
地下部土壤容积（cm^3/穴）	10 960	10 960	10 960	10 960

注：① 栽插样式为 23.4 cm×23.4 cm，单位面积苗数为 18 苗/m^2。
② 每穴地上部空间容量：23.4 cm×23.4 cm = 548 cm^2。
③ 每穴地下部土壤容积：548×20=1.096×10^4 cm^3。
④ 栽插密度：单位面积内栽插苗数，苗/m^2。

行距、株距不变，仅通过改变每穴栽插苗数从而改变栽插密度的方法，每穴地上部空间容量和地下部土壤容积均不会发生变化。这与通过改变行距、株距从而改变栽插密度的方法有很大差异。

5.3 不同行距 × 株距条件下每穴的茎蘖动态

仍是表2设置的条件，即每穴栽插苗数相同（2苗），但是行距 × 株距有多种不同处理，它们的每穴茎蘖数动态如图4所示。大田生育初期，地上部空间和群落相互竞争较小，各处理间每穴苗数相差不大；但是到 6 月下旬，各处理间差异扩大。16.6 cm×16.6 cm（36穴/m^2）的处理，在 7 月 3 日就率先到达最高分蘖期，其间各处理植株相互间都在邻近的行距、株距内争光、争水、争养分，力图快速生长。19.1 cm × 19.1 cm（27 穴/m²）的处理在 7 月 10 日，33.1 cm × 33.1 cm（9 穴/m²）的处理在 7 月 23 日，47.1 cm × 47.1 cm（5 穴/m²）的处理在 7 月 30 日，先后达到最高分蘖期。可以看出，每穴平均地上部空间容量和地下部土壤容积愈大的处理，达到最高分蘖期的时间愈迟。

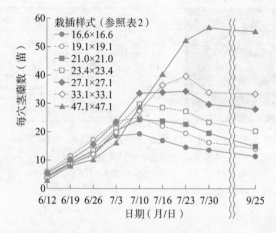

图 4　每穴栽插苗数相同（2 苗）、栽插样式不同时的茎蘖动态

地上部空间容量最大的处理（47.1 cm × 47.1 cm），分蘖数持续上升期到 7 月 30 日，属最长。相应地，地下部土壤容积愈大，养分供给也愈多，每穴茎蘖数达 50 多苗。也可以说，分蘖增长期愈长，每穴茎蘖数愈多。

综上所述，如果每穴栽插苗数相同，则分蘖增长时期的长短基本上由地上部空间容量和地下部土壤容积所决定，容量和容积愈大，分蘖增长时期愈长，每穴茎蘖数也愈多。

5.4　不同行距 × 株距条件下单位面积的茎蘖动态

图 5 显示每穴栽插苗数相同（2 苗），但行距 × 株距有多种不同处理的单位面积茎蘖数动态。可以看出，单位面积栽插穴数、苗数愈多的处理，单位面积茎蘖数起动得愈快、愈猛，最高分蘖期的单位面积茎蘖数也愈多。这是因为单位面积栽插穴数愈多的处理，生育初期开始太阳的照射效率高，地下部能充分满足地上部的养分、水分要求。

这些事实表明，栽插穴数少而每穴茎蘖数多的稀植栽培，要选择分蘖增长期间较长的株距 × 行距栽插方式，确保最适叶面积指数和合理穗数、颖花数的密度条件。这些都是很重要的。

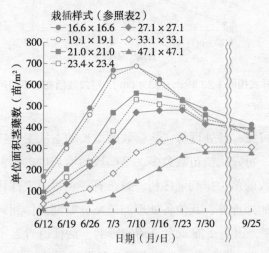

图 5　每穴栽插苗数相同（2 苗），栽插样式不同时的单位面积茎蘖数动态

5.5　不同每穴栽插苗数条件下的茎蘖动态

按表 3 设置的条件，即各处理的栽插行距 × 株距相同，都是 23.4 cm × 23.4 cm，但每穴栽插苗数分别为 1 苗、2 苗、4 苗、

8 苗等，观察它们的每穴茎蘖数动态（见图 6）。因为栽插行距 × 株距相同，所以各处理的每穴植株地上部空间容量和地下部土壤容积都是相同的，分别为 548 cm² 和 1.096×10^4 cm³。这和图 4、图 5 不同。

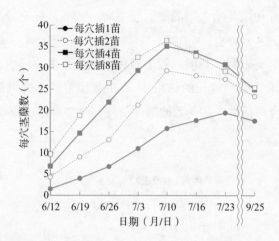

图 6　栽插样式相同（23.4 cm×23.4 cm），每穴栽插苗数不同时的茎蘖动态

由图可见，各处理每穴茎蘖数的增长动态从生育初期开始就出现差异，每穴栽插苗数愈多，茎蘖数的增长也愈猛，增长速度与栽插苗数的多少排列顺序相一致。有一点很引人注目，即除每穴插 1 苗的处理外，其他各处理的最高分蘖期大体相同。每穴插 1 苗的处理，因为受灌溉水流动的影响，活棵返青迟了一些，分蘖开始的时期也迟一些，所以分蘖增长期拖得长一些。

通过比较可以看出，每穴栽插苗数差异产生的茎蘖动态模式，虽与栽插株距 × 行距方式不同产生的茎蘖动态模式有较大差异，但却与现今的机械插秧水稻的茎蘖动态过程相似。行距 30 cm 基本固定，地上部空间容量和地下部土壤容积相同时，最高分蘖时期大体相同。

5.6 栽插密度对田间环境要素和水稻生育的影响

通过以上叙述可知，水稻栽插密度的变化不仅引起田间地上部的光、温环境发生变化，而且各种养分的供给、空气的流通、稻株间的温度和湿度、二氧化碳的流动等都会发生变化，对很多环境要素也都会产生影响。此外，各种栽插密度形成的田间竞争程度不同，不仅对分蘖增长期的长短产生影响，而且对植株高度，茎秆粗度，各叶片的长度、厚度、生长情况等水稻的形态也产生影响，最终还会制约每穴茎蘖数以及穗数的形成模式。

6 栽插密度与稻瘟病的发生

20 世纪 70 年代前半期是水稻品种"笹锦"和"越光"并列成为优质米代名词的时代。可是由于当时栽插密度的改变，使得稻瘟病的发生也出现了变化。这种情况笔者经历过多次。"笹锦"的弱点就是易感稻瘟病和易倒伏。当时笔者曾对如何克服这个缺点做过调查，现对不同叶位的叶片稻瘟病病斑数及其病斑大小的调查结果进行介绍。设 4 个处理区（见表 4），品种"笹锦"齐穗期从 10 穴稻中选 30 稻茎，调查 150 张叶片，结果见表 5。

表 4 "笹锦"稻瘟病调查区的栽插样式和栽插密度

区号	栽插样式（cm×cm）	栽插穴数（穴/m^2）、每穴苗数	栽插密度（苗/m^2）
1	19.1 × 19.1	27.2 穴，每穴 8 苗	217.6
2	19.1 × 19.1	27.2 穴，每穴 3 苗	81.6
3	23.4 × 23.4	18.1 穴，每穴 3 苗	54.3
4	28.7 × 28.7	12.1 穴，每穴 3 苗	36.3

注：8 月 15 日调查。

表5 栽插密度与稻瘟病病斑数、病斑大小的关系

区号	栽插穴数（穴/m²）、每穴苗数	叶位	病斑大小（mm）				合计
			< 3	3~6	6~9	> 9	
1	27.2穴 每穴8苗	倒1叶	12	2	2	2	18
		倒2叶	56	6	0	11	73
		倒3叶	62	24	5	17	108
		倒4叶	464	30	17	44	555
		倒5叶	425	30	17	15	487
		合计	1 019	92	41	89	1 241
2	27.2穴 每穴3苗	倒1叶	2	0	2	0	4
		倒2叶	27	0	2	2	31
		倒3叶	72	2	5	9	88
		倒4叶	234	17	5	21	277
		倒5叶	264	14	5	6	289
		合计	599	33	19	38	689
3	18.1穴 每穴3苗	倒1叶	1	0	0	0	1
		倒2叶	11	1	1	0	13
		倒3叶	20	0	1	1	22
		倒4叶	86	6	4	6	102
		倒5叶	206	4	2	8	220
		合计	324	11	8	15	358
4	12.1穴 每穴3苗	倒1叶	2	3	2	0	7
		倒2叶	5	1	0	0	6
		倒3叶	41	5	1	0	47
		倒4叶	86	12	2	0	100
		倒5叶	72	8	1	0	81
		合计	206	29	6	0	241

6.1 栽插密度愈低，稻株对稻瘟病的抗性愈强

分析表 5 可得出以下要点：

① 栽插密度最高的 1 区，稻瘟病斑数达 1 241 个，密度其次的 2 区有 689 个，3 区有 358 个，4 区有 241 个，即单位面积栽插的苗数愈多，病斑数愈多。

② 下部叶片上的病斑数多；出叶后的时间愈长，病斑数愈多。

③ 栽插密度愈高，大型病斑（＞9 mm）数愈多，1 区有 89 个，2 区有 38 个，3 区有 15 个，4 区有 0 个。单位面积栽插的苗数愈少，不仅病斑数愈少，而且大都是小病斑或者已经停止活动的病斑，稻株看上去有较强的耐病性。此外，稀植区比较耐倒伏也能得到确认。

6.2 稀植抑制稻瘟病的机理

最近看到一个很有意思的研究报告，即奈良尖端科技大学院岛本教授等的报告认为，植物感染病原菌时体内会生成一种活性氧来防御病菌，并且他是全世界第一个发现一种蛋白质能直接引发这种活性氧的人，这种蛋白质被命名为 "Os Rac1"。岛本教授等还查明这种植物免疫蛋白能和其他植物免疫蛋白结合成新的复合体，激活体内的自然免疫反应，迎击入侵的病原菌。

将岛本教授的研究与表 5 的内容结合起来考虑就会发现，改变水稻的生育环境，特别是推广水稻稀植栽培，有很重要的意义。

① 与密植相比，稀植能保持稻田群体内部植株相互之间良好的光照环境条件，使茎秆、叶片等稻体形态健壮，维持适宜的温、湿度和通风条件，抑制稻瘟病菌（寄生者）的繁殖，减少病菌对稻体的侵入，从而有效抑制稻瘟病的发生。

② 稀植提供的环境条件，影响水稻体内生成能直接引发活性氧的蛋白质的数量，该蛋白质能与其他免疫蛋白质结合成复合体，从而有效减少叶片稻瘟病斑数，遏制病斑扩大与蔓延，也可能是通过水稻（宿主）体内的生理、生化反应，减轻或抑制稻瘟病的

发生。

由此看来,调整栽插密度,确实能使寄主(稻体)和寄生物(病原菌)两方都产生对病害的预防、防御、抑制作用。植物和动物不同,生长地定着以后就不能迁移,对外来的影响虽不能逃避,但会在原地产生各种各样的回避方法或防御反应,从而赖以生存下去。这也是水稻在进化过程中获得的生物学特性。

7 稀植栽培发挥水稻的生产潜力

7.1 防止生育延迟的密植转向充分利用分蘖力的稀植

前文已述,日本水稻栽培长期以来走的都是密植的路,通过增加单位面积的栽插苗数来实现稳产、高产。二战前,尤其是寒冷地区的东北、北海道一带,受播种、栽插季节较迟的影响,水稻灌浆结实阶段常遇延迟型冷害,产量得不到保证。当时,必须极力排除会带来生育滞缓、出穗期推迟的操作措施,于是密植被当做减轻生育期推迟、防止延迟型冷害的对策。

20世纪40年代后半期,保温折衷育秧方法得到推广,使播种期提早,插秧期也随之提早,拉长了水稻整个的生育时期,生育进程及出穗期也得以提早。这解决了东北等寒冷地带的延迟型冷害问题,稳定性差的稻作地带变成了稳定性好的稻作地带。

生育期的拉长,为调节栽插密度形成多种功能、发挥水稻的分蘖特性能力创造了基本条件,是稀植栽培得以成立的前提。同时表明,二战后对栽插密度效果的期待和栽插密度的作用都发生了很大的变化。

7.2 稀植栽培的效果

随着移栽期的提前,水稻营养生长与生殖生长的必要天数都有了保障,在这样良好的水稻栽培条件下,通过对栽插密度的研究,我们发现了水稻具备的几个潜在机能(见图7)。

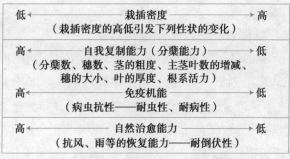

图 7　栽插密度的效果——稀植的作用

① 稀植能发挥水稻具备的自我复制能力（分蘖能力）。通过稀植并结合相应的追肥技术，引出水稻潜在的分蘖能力，就能确保获得合理的茎蘖数和最适叶面积指数。栽插密度会影响茎秆的粗度（间接影响倒伏）、叶片的长度和厚度、水稻姿态（间接影响稻穗的大小、每穗粒数）、根系活力等多种性状。

② 稻瘟病是水稻的主要病害之一，一般用化学药剂防治。稀植条件下水稻自身免疫力会增强，可以少用甚至不用化学农药。这既有利于丰富生物多样性，创造对自然环境和人类友好的、安全放心的稻作技术，也有利于节约水稻生产成本。

③ 稀植能提高水稻植株的自然治愈能力，从而增强抗风雨及抗倒伏能力。

8　稀植栽培要点及注意点

第一次尝试稀植栽培的农户总会担心：插得这么稀，苗数这么少，会不会因穗数不足、总粒数不足而减产呢？出于这种担心，增施氮素基肥、追肥而导致失败的事例并不少见。习惯于稻苗早早发起来才能安心的农户，稀植以后总是觉得好像缺了些什么。

下面举例说明稀植栽培的产量组成、穗粒结构及田间稻株受光条件情况。

8.1 分蘖消长动态及产量穗粒结构

图 8 所示的稀植区栽插密度是 9 067 穴/亩，基肥折纯氮为 2.9 kg/亩，成苗栽插，每穴插 2 苗。移栽后至 6 月 20 日期间进行 5~12 cm 的水管理，6 月 20 日追肥折纯氮 1.5 kg/亩。全过程不使用化学肥料和化学农药。因为密度低的原因，整个 6 月份田间看上去都是稀稀拉拉的，但是在 8 叶至 9 叶阶段（6 月下旬）田间茎蘖数 10 天内增加 2 倍。分蘖高峰期在 7 月 10 日前后，与常规栽培区相比较迟，分蘖增加的时期拉长，茎秆也粗，株型呈健壮的开张型，有效分蘖率高达 81.2%。

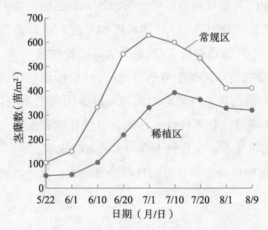

图 8　稀植区与常规栽培区的单位面积茎蘖数动态

常规栽培区每穴栽 6 苗，中苗栽插，每亩栽 1.2 万穴，基肥折纯氮 3 kg/亩，再加牛粪腐熟堆肥 666.7 kg/亩，分蘖消长动态属肥沃土壤类型。移栽后 8~10 天开始分蘖，随着气温上升茎蘖数急速增加，6 月中旬到 7 月初超过了 40 万苗/亩，分蘖高峰期在幼穗分化期前到达是一个显著特征。栽插苗数多，基肥氮素用量多，茎蘖数急速增加，但高峰过后，茎蘖数迅速减退，有效分蘖率只有 65.5%。

表 6 的产量穗粒结构表明，稀植区的穗数折每亩 21.3 万穗，比常规栽培区的 27.5 万穗少，但是平均每穗粒数达 94 粒，比常规栽培区的 71 粒多；稀植区颖花数折每亩 2 000 万粒，比常规栽培区多；结实率、糙米千粒重也是稀植区高。稀植区植株高大健壮，抗倒伏能力强。

表 6　图 8 中水稻的产量构成要素

栽培条件	栽插穴数（万穴/亩）	穗数（万穗/亩）	平均颖花数（粒/穗）	单位面积颖花数（万粒/亩）	结实率（%）	糙米千粒重（g）
常规	1.21	27.5	71	1 953	89	22.2
稀植	0.91	21.3	94	2 007	92	22.4

至于稀植后必要茎蘖数的确保实现问题，前面已介绍有 10 天内增长 2 倍的表现，在适当的时期合理追肥，茎蘖数的高效率增加完全是可能的。前文已数次提及，茎蘖数发得过早、过快，会造成稻株茎秆细软，容易倒伏、感病的体质，从而使水稻栽培成为非依赖农药不可的栽培技术。与茎秆细软相应，茎蘖数发得过早、过快，则稻穗的生长处于无效茎蘖发生并迅速消亡，同时稻体氮素同化能力十分低下的过程中，这是引起稻穗变小的原因。

稀植栽培应该注意栽插苗数、水管理以及与生育进程相应的施肥管理等。

8.2　从抽穗前 50 天开始到抽穗期间水稻的生育

稻米开始形成时，已到了水稻的生育后期，大体是从抽穗前 20 天开始。这时，茎秆和叶鞘中开始积蓄淀粉。抽穗后淀粉再向稻穗输送移动，为稻穗灌浆结实做贡献。但是，茎秆和叶鞘中积蓄的淀粉，只占最终产量的 20%~30%，稻穗中大量的淀粉还得依靠抽穗后形成的二氧化碳同化产物，而生产同化产物的主要担当者是水稻的上部 5 张叶片。

表 7 说明了从抽穗前 50 天开始到抽穗期间水稻的生长与发育情况。

① 抽穗前 50 天到 40 天之间追肥，能确保必要的茎蘖数（茎蘖高峰苗数）正好在幼穗形成期开始时达到，这时茎蘖数的增长已经停止。

② 从最上位置的剑叶开始向下数的倒 2 叶、倒 3 叶、倒 4 叶、倒 5 叶这 5 张叶片，正好是在出穗前 50 天开始到出穗期间分化、伸长的叶片。以主茎有 14 片叶子（剑叶是第 14 片叶）的水稻品种为例，11 叶期是营养生长向生殖生长的转换期，相应地，这时的稻穗正处于幼穗分化期（又称穗首分化期）。11 叶完全伸长并抽出时，可看到 12 叶的叶尖 2~3 cm 部分正从 11 叶的叶舌中抽出。尚在茎秆中未抽出的 13 叶、14 叶，还处在幼叶状态被包在叶鞘内，它们是抽穗后处于稻株最上面的第 1 叶（又称剑叶）和第 2 叶。从剑叶开始向下数的倒 2 叶、倒 3 叶、倒 4 叶、倒 5 叶即是计算主茎叶龄的 14，13，12，11，10 叶，它们是抽穗以后为米粒形成做贡献的主要同化器官。

③ 抽穗前 33~30 天是幼穗分化期，然后向枝梗分化、颖花分化进展。淀粉储藏库的大小和多少受当时稻体内氮素浓度的影响较大。

④ 叶鞘和茎秆也从抽穗前 20 天开始蓄积淀粉。这时，叶片的氮素含有率高，光合成能力就高，蓄积淀粉量就多。

⑤ 内部幼穗分化前后，稻株外观进入节间伸长期，从下部的节间开始，顺次有规则地伸长，直至推出稻穗。

表 7　出穗前 50 天开始到抽穗期间水稻的生长与发育情况

① 确保目标茎蘖数
　　——茎蘖高峰期与幼穗形成期基本重合
② 出穗后叶片分化
　　——剑叶、倒 2 叶、倒 3 叶、倒 4 叶、倒 5 叶的分化与伸长抽出
③ 幼穗分化期、颖花的分化
　　——出穗前 33~30 天
④ 茎秆、叶鞘的淀粉积累
　　——出穗前约 20 天开始
⑤ 节间伸长期
　　——出穗前约 30 天开始

综上所述，从抽穗前 50 天开始到抽穗期间经历的①～⑤的水稻器官形成和生理、形态的多种多样的变化，或者同时发生，或者前后依次发生。这个时期是水稻植株生育过程中变化最大的时期，这些变化制约着产量和品质，对水稻生产来说，是最重要的生产时期。

8.3　适期、适量的追肥

稀植栽培的水稻，一般植株较高，茎较粗，穗较大，属健壮的生育类型，但是也有些稀植稻从灌浆中期起会出现上部叶片披垂，植株从下部开始随风倾倒，长势较旺但灌浆结实情况不好，产量上不去等情况。调查它的栽培履历发现，大多在抽穗前 45~40 天时，追施过折纯氮 2~2.5 kg/亩的肥料，或者因当时处于梅雨季节，为了防治稻瘟病，在追肥的同时还使用过农药，且栽插密度大多在 6 000 穴/亩。仔细观察可发现，受追肥的影响，上部三张叶片差不多同样长，相应的节间长度也受到了影响。

太阳的日照量因地区、位置及年度差异而有变化，但是稻株的受光姿态，如叶片的长度、厚度、展开情况，茎的粗度等与受光效率有关的水稻长势长相努力向受光效率高的目标方向培育，

这是很重要的。

　　需要留意的是，不能仅仅依靠增施氮素肥料，还要在培肥地力的基础上，调节好秧苗质量、栽插方式、栽插密度等，确保合理的叶面积指数。还有，虽然因地力关系不能一概而论，但是从经验看，为了确保合理的茎蘖数，1次追肥最好不要超过折纯氮1.8 kg/亩的适宜用量，否则会破坏株体受光的长势长相。

　　衷心祝愿稀植栽培水稻抽穗前50天往后的生育阶段，在维持良好的受光长势长相的同时，能够发挥图7中列出的稀植稻的多元功能。灵活应用好水稻的分蘖潜力以及由此形成的对病害的免疫能力与自然治愈能力，能使水稻从农药中解放出来，成为安全、放心、稳定的稻作栽培。

执笔　本田强（日本环保大米协作会）

写于2009年

机插水稻的密度与补苗

1 机插水稻补苗的实际情况

用 4 行插秧机即便以每秒 0.5 米的插秧速度、50% 的田间作业效率,也只需用 1 个小时就可以完成约 1.5 亩的插秧作业。因此,插秧机是效率极高的机械。但是,机械插秧的现状是补苗需花费大量的劳力。

根据笔者的若干调查发现,大多数人补苗(见图 1)所投入的劳动时间是正常插秧所需要时间的 2~3 倍,甚至是 4 倍,且很少有人不去补苗。那使用高性能的插秧机,是为了什么?补苗又是为了什么?

图 1 补苗

在缺苗处进行补插是应当的。但现状是不仅对缺苗的地方补苗,对每穴 1~2 苗的小棵把也在补苗。因此,为了努力减少缺苗的发生,1 亩大田用 2.7 kg 的种子育秧,以平均每穴 6 苗左右的大棵把栽插。可是，即使是这样的田块，也还在进行补苗。

从实际结果来看，这种补苗是没有任何意义的。而且在小棵把的地方进行补苗，对水稻的生育与产量反而起负作用。

2 每穴苗数与水稻生育、产量的关系

在栽插质量相同的秧苗时，将每穴秧苗数量减少到一定程度，不进行补苗，一般也能取得较高的产量。表1（a）就是其中一例。

大棵把栽插的水稻，由于分蘖过多会造成早衰，即出现后期衰落型的长势长相，很容易造成减产。

在小棵把稀植栽插条件下虽然分蘖数减少，但是由于有效茎比例提高，稻穗数量虽没有大棵把密植的多，但也足够了；生长中期后，由于生育量较大，每穗粒数增加，稻的茎秆粗壮，形成后期健壮型长相，水稻不会出现结实低下的情况。就如表1（a）显示出的情况一样，容易长成生产效率（谷草比）高的水稻。

在表1（b）所示的情况下，因为育苗时每盘播种量与大田栽插每穴苗数3个处理依次同步减半，所以单位面积使用的育苗盘数几乎是一样的。也就是说，培育稀播壮苗，然后小棵把栽插，并不需要增加育苗劳力，非常适合生产实际需要。

在这种情况下，壮苗效果与小棵把稀植效果能起协同促进作用，表1（b）的小棵把稀植比表1（a）的增产效果更加明显，而且更具普遍性。

用稀播壮苗进行小棵把稀植，与密播弱苗的大棵把密植相比，分蘖数较少，如表1（c）所示。因此在原本需要限制氮肥施用的时期也可以进行追肥，追肥促进了水稻生长中期后的生育，从而进一步提高了增产效果（因为本试验中与分蘖有关的前期肥料用得少，所以即使是大棵把密植处理区的水稻，在抽穗48天前的最高分蘖期，进行一定程度的氮肥追施也是有效的）。

表 1　每穴栽插苗数和产量

（a）秧苗质量相同时（1981 年）

栽插条件	有效茎率（%）	穗数（万穗/亩）	粒数（粒/穗）	结实率（%）	糙米产量（kg/亩）	谷草比
每穴 5.8 苗	56	30.2	71.8	84.6	410	0.88
每穴 3.0 苗	72	29.2	76.6	86.5	439	1.01

注：品种为"日本晴"，5 月 13 日栽插，每亩 1.3 万穴，不补苗，育苗播种量 100 g/ 盘。

（b）秧苗质量不同时（1985 年）

栽插条件	穗数（万穗/亩）	粒数（粒/穗）	结实率（%）	糙米产量（kg/亩）	谷草比
播量 200 g，每穴 7.5 苗	32.8	54.5	91.4	380	0.81
播量 100 g，每穴 3.8 苗	29.7	64.6	91.9	406	0.9
播量 50 g，每穴 1.9 苗	25.5	84.7	90.2	445	1.01

注：品种为"日本晴"，5 月 11 日栽插，每亩 1.27 万穴，不补苗。

（c）秧苗质量、施肥条件都不同时（1984 年）

栽插条件	最高分蘖期追氮（kg/亩）	穗数（万穗/亩）	粒数（粒/穗）	结实率（%）	糙米产量（kg/亩）
播量 200 g，每穴 6 苗	2	24.2	80.1	91.4	393
播量 100 g，每穴 3 苗	3.3	24.2	89.5	91.9	441
播量 50 g，每穴 1.9 苗	4.7	21.7	106.7	90.8	475

注：品种为"日本晴"，5 月 22 日栽插，每亩 1.34 万穴，不补苗。最高分蘖期（6 月 26 日，插秧后 45 天）追肥，其他基肥氮肥 2 kg，穗肥氮肥 2.7 kg。

　　像这种基肥施得很少的小棵把稀植稻，可以多施氮素追肥。当然，这要依据栽插季节、品种等实际情况灵活处理。小棵把稀植稻通过追肥穗数可以超过大棵把栽插水稻，这种事例在生产中是常见的。多穗加上大穗，就能大幅增产了。

　　但是，如果每穴栽插苗数过少，发生缺穴或者每穴只有1~2苗等令人担忧的情况，就需要认真考虑了。

3　每穴苗数与缺穴发生的关系

　　每穴平均栽插苗数与缺穴率的关系如图2所示，每穴栽插苗数的田间分布如图3所示。虽然因机种类型、育苗条件、种植条件的差异，结论不是那么绝对，但明显可以看出稀播的秧苗，在每穴栽插苗数相同的情况下，缺穴率比密播低。

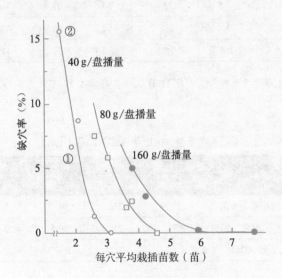

图2　每穴平均栽插数和缺穴率

注：手播，但是①是使用播种机，播量40 g/盘，②是连续缺2穴（调查200穴有3处）。

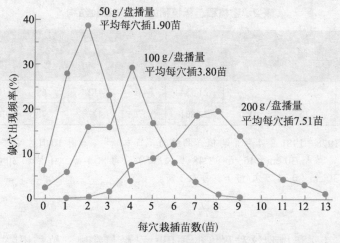

图3　每穴栽插苗数的田间分布

　　稀播苗与密播苗相比，在每穴栽插苗数相同的情况下，每个秧苗根部附着的育苗土数量不一样，稀播苗附着的育苗土数量多，为此稀播苗栽插时，每穴栽插苗数的变化幅度相比密播苗要小。这也说明，培育稀播的壮苗，更适合小棵把稀植。

　　不过一般人还是认为，如果缺穴多，就需要付出很多劳力进行补苗，所以往往不愿意小棵把稀植。那么，究竟在什么条件下需要补苗呢？

4　什么情况下需要补苗

　　表2是密植（常规株行距）每穴插4苗的水稻，与株行距降低一半，每穴插1苗的稀植稻的比较。这几乎已经是极端的稀植了，但其产量仍比密植大棵把栽插要高。由此可知，水稻是单株生产能力极强的作物。这种极端稀植水稻的高产性，不管是在寒冷地区，还是在营养生长期缩短的温暖地区，小麦后茬种植都普遍得到了体现。

表 2　密植稻、稀植稻的产量与穗粒结构

分区	穗数 （万穗/亩）	粒数		结实率 （%）	糙米产量 （kg/亩）	有效茎率 （%）	谷草比
		（粒/穗）	（千粒/亩）				
密植	28.8	75	21 534	84.6	412	69	0.81
稀植	22	104.1	22 801	83.7	427	78	0.93

注：1978—1981 年 4 年平均值，品种为"日本晴"，5 月 10 日左右移栽；
密植稻 30 cm×15 cm（1.48 万穴/亩）、每穴 4 苗，稀植稻 30 cm×
30 cm（0.74 万穴/亩）、每穴 1 苗。

其实稀植到这种程度的稻田，已经与常规密植稻田隔 1 穴缺 1 穴的状况相同，缺穴率相当于 50%。因此可以推定，只要连续缺穴不多，就算缺穴率高达 50%，也完全没有必要进行补苗。

随着缺穴率的升高，2 穴以上的连续缺穴发生频率也会提高。但是从图 2 看来，发生连续缺穴情况仅有一例，连续缺 2 穴的情况很少。可以把这种程度的缺穴频率看作是稀植水稻不需要补苗的界限。一个相当保险的范围是，如果 40 g 播种量的秧苗平均每穴 2 苗（指人工播，机播的话还可减少）稀植，80 g 播种量的秧苗平均每穴 2.5 苗稀植，就根本没有补苗的必要了。

5　每穴栽插苗数的不均匀性和水稻生育、产量的关系

由图 3 可知，田间每穴栽插苗数的不均匀性很大，这和采用穴盘育秧撒播培育机插秧苗的方法有关。每穴栽插苗数的不均匀，必然会造成每穴稻株的生育状况和产量的不均匀。

一般认为，生长不均匀会给产量带来负面影响。但是调查结果则表明，在亩产糙米 400~500 kg 的条件下，在稻田穴与穴之

间这个狭窄的范围里，植株的生长不均匀对产量根本没有不良影响。对大田群落生长的水稻植株来讲，相互之间都有一个补偿关系。

小棵把稀植会出现缺穴，每穴 1~2 棵的情况也比较多（见图 3）。同一田块内不同的每穴苗数之间产量比较的结果如图 4 所示，每穴 1 苗、2 苗与多苗相比产量的差异完全无须介意。

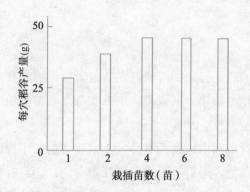

图 4　同一块田内不同栽插苗数的收成

注：品种为"日本晴"，1985 年 5 月 11 日栽插，每亩 1.27 万穴，每穴平均栽插 3.8 苗。

将每穴栽插苗数进行 1 苗、6 苗相邻间隔处理，并与平均每穴 3 苗的水稻生育、产量做比较（见图 5）。每穴 1 苗的最高分蘖数只有相邻每穴 6 苗的 1/3。如果分蘖量≈生育量，则每穴 1 苗的生育量也只有每穴 6 苗的 1/3。一方面，由于相邻每穴 6 苗的存在，每穴 1 苗的生长空间变窄，就好像处于密植环境一样；另一方面，每穴 6 苗的生长空间变宽，就好像处于稀植环境一样。若将每穴 1 苗和每穴 6 苗平均，那平均值就与每穴 3 苗相同了。

每穴苗数	1 苗	6 苗	（平均）	3 苗
最高分蘖数	17	47	（32）	31
	↓	↓		↓
穗数	12	29	（21）	22
	↓	↓		↓
粒重	30	62	（46）	46

图5 相邻穴之间产生的生育影响

注：品种为"日本晴"，1985 年 5 月 11 日栽插，每亩 1.3 万穴，手栽 1 苗、
6 苗间隔处理与每穴栽 3 苗处理相比较。

图 4 所示的是每穴 1 苗和每穴 2 苗稀植，因为其两者相邻穴
的每穴苗数相差很小，所以每穴 1 苗和每穴 2 苗稀植的产量就赶
不上来，这是没办法的事。

因此，对田间出现的少量每穴 1 苗或 2 苗的小棵把，完全不
必要去补足苗数。进行补苗不仅要耗费劳力，而且补插的人大多
会将小棵把补成大棵把，使全田变成大棵把的密植田块，人为地
造成密植减产。

6 个体密度的基本把握方法

出现这种不必要的补苗做法的原因是对水稻的个体密度缺乏
科学的基本概念，还有就是小农思想的种田观念，觉得自家田里
看上去难看，不放心，非要去补苗不可。

对籽粒产量来讲，存在一个最适密度（见图 6）。生物产量（水
稻的生物产量 = 秸秆重量 + 稻谷重量）在种植密度达到一定程度
时会达到峰值，即在这个密度附近，能获得籽粒产量的最大值。

水稻获得稻谷最高产量的密度界限比较模糊，大体处于图 6
中 A~B 这个较大的范围内。一般进行密度的研究或是高水平生产
种植时，大都选择图中的点 B 或者是点 B 以上的密度。但是，点

B 以上紧邻的却是倒伏、病虫害等容易出问题的密度区。因此，在设计栽插密度的时候，要按照实际可能的条件，在避免出现生育量过小的前提下，尽量考虑将设计密度放到接近点 A 的方向。

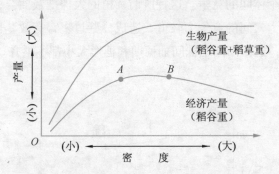

图6　栽插（播种）密度和生物产量、经济产量的关系（模式图）

注：A，B 之间的密度大致能获得最大经济产量（稻谷重）。

接下来面临的重要问题是个体配置。比如，在 1 m² 地里栽插（或播种）40 个个体，如果将 40 个个体集中在一个地方，就不如分成 2 处种植，每处种植 20 个个体；分成 2 处每处各种植 20 个个体，就不如分成 10 处，每处各种植 4 个个体；分成 10 处每处各种植 4 个个体，就不如分成 20 处，每处各种植 2 个个体。像这样尽可能地让其均匀分散配置，一般稻谷产量就高。

如果 1 处地方个体数较多，在生长的初期，个体间就已经发生了竞争，这种竞争关系会持续存在于农作物的整个生育期，导致个体的生产力不能得到充分发挥。因此，只要在具备补偿能力的范围内，小棵把稀植是具备出色生产能力的。

目前，个体密度（单位面积的苗数）过高的说法已被普遍接受，但是很多人仍然不喜欢缺穴。因此，经常有人提出可以减少穴数（稀植），但是要增加每穴栽插苗数的问题。笔者对这种观点持否定态度。

如图 7 所示，就算是比较极端的稀植，每穴栽插苗数虽少，但谷草比仍较高，产量反而高。特意稀植，是要让穴与穴之间把空间腾出来，可是由于每穴苗数的增加，从插秧时起，就已经引发了水稻个体间的竞争。这种所谓稀植的大棵把栽插与密植水稻不同，因为穴间的竞争力较低，造成分蘖过多，有效茎比例下降得很明显，通常田间稻株间抽穗期和穗形大小都不整齐。

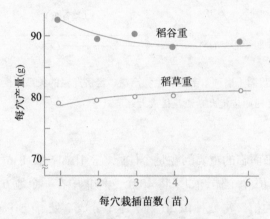

图 7　稀植条件下栽插苗数和产量的关系

注：品种为"日本晴"，50 g 播量，1985 年 5 月 11 日栽插，栽插密度为 30 cm×33.3 cm（0.67 万穴/亩）。

总之，为了发展机插水稻，必须消除引起水稻生育缺陷、产量降低的大棵把、密植观念，形成机插水稻的如下基本思路：

① 采用每个育秧盘播种量在 100 g 以下的稀播壮苗，这是前提。

② 在确保不过多连续缺穴的前提下，尽量小棵把稀植。

③ 在注意到气候、品种、生长季节、地力等条件的基础上，

尽可能向减少栽插穴数（稀植）的方面考虑，最终决定单位面积的栽插穴数。

④应该探讨取得最大产量的栽培管理（施肥、水管理等）技术。

执笔　桥川潮（日本滋贺县立短期大学）

写于1987年

水稻株型与灌浆结实性能

1 对水稻株型的认识

1.1 伴随着品种的改良，水稻的株型也在改善

日本水稻单产的大幅提高有多种重要的技术原因，品种的改良是其中一个重要原因。从明治时期至今，日本水稻品种的株型发生了以下变化：

① 短秆化，主要是上部节间变短了。

② 穗数型化，分蘖力强成了品种的主要特性；品种多蘖化，虽然有效分蘖率下降了，但确保较多的穗数变得更容易了。

③ 短穗化。平均每穗颖花数虽减少了，但是由于穗数增加，单位面积的颖花数并未减少。

④ 叶面积增大。叶片变短但茎蘖数增加了，单茎的新鲜叶片数也增加了，因此最大叶面积系数增加，但是群体的吸光系数（表示稻株群落中光通透性的指标，它的值愈小表示植株基部受到的光照愈多）下降。也就是说，水稻品种的植株长势长相变得越来越有利于接受光照。

⑤ 耐肥性增强，多施氮肥的增产效果明显。植株长势长相有利于接受光照，抑制了因叶面积增大引起的呼吸量增加。此外还

观察到，灌浆结实阶段根系活力下降状况也因此得到了改善。

⑥ 灌浆结实性能提高，增产能力增强。株型的改善，虽然没有增加产出物的容积（单位面积颖花数），但通过结实率的提高，产出物的重量（单位面积产量）仍然提高了（见图1）。

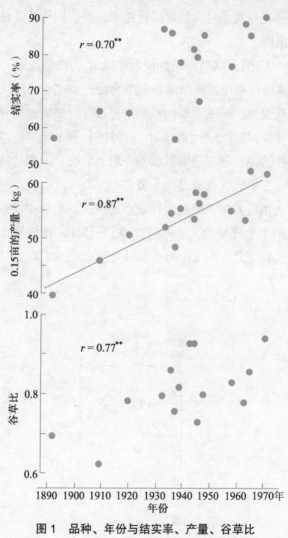

图1 品种、年份与结实率、产量、谷草比

（桥川，1984）

⑦ 提高了生产效率。成熟期的草重不变，但稻谷重增加了，谷草比（收获系数）显著提高（见图1）。

再加上品种耐冷性、耐病性等特性的改良，新品种的育成及普及推广带来的增产效果十分明显。水稻品种的株型与过去的品种比，有着本质的差异。新品种、新株型必然会有新的高产生育形态特征及与其相对应的具体化技术，我们期待着这种具体化技术早日出现。

1.2 后期衰落型与后期健壮型水稻的株型比较

V字理论稻作是典型的初期生育促进型稻作，因为期待通过多蘖实现多穗，所以水稻的初期生育量变得很大，生育后期处于下部的叶片，即第5叶、第4叶，有时还有第3叶，叶片伸得很长。从第3叶的伸长期起进入氮素养分限制状况，上部叶片因此变得短小。图2中的A型就是这个姿态。

与之相对的是，初期生育量小的模式，生育中期以后搭起了高产骨架（生育量增大），尽管后期下部叶片比较短小，但上部叶片却比较宽大。图2中的B型就是这个姿态。

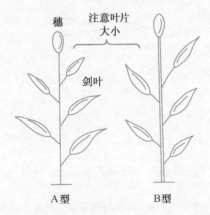

图2 不同栽培条件下株型的差异（模式图）

图2中A，B型分别是两种不同的氮素肥料施用方法造成的结果。图3显示的是两种施肥类型造成的生育后期不同的叶片群体结构。

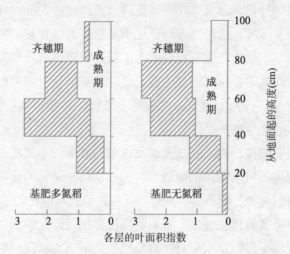

图3 基肥多氮稻和基肥无氮稻的叶片群落构成（品种"日本晴"）

（桥川等，1984）

前已述及，A型稻中层位置（第3，4叶）的叶片量较多，上部叶片构成的上层位置的叶片量少。后期处于中层位置的下部叶片枯死较多，成熟期时总叶面积就很小了。这种下部叶片枯死较多的水稻属后期衰落型水稻。

与A型稻比较，B型稻中层位置生育初期叶片量较少，但到了生育中期，上部叶片伸得较长，上层位置叶片量较多，而且叶片仍较好地保持着直立状态。尽管随着生育进程的发展下部叶片不断枯萎，但到成熟时叶片量仍然明显多于A型稻，属后期健壮型水稻。

1.3 节间的伸长

放任生长的草坪，当草被割去后，剩下的仅是下叶，田间一片枯黄。草坪草即使处于生长状态，但新叶长了一些，下叶却枯了一些，因此它所建立的叶层仍然处于狭小状态。如果草坪草叶量增加就会造成下部受光态势的极端恶化。

对水稻这种植物而言，幼穗分化期以后进入最重要的时期，先是颖花的分化、形成，好不容易到出穗，此后大量的颖花又进入灌浆结实阶段，这时急需形成比中期更多的叶片量。稻株的节间伸长略早于幼穗分化开始期，为了能形成更多的叶片量，稻株上部的节间就需要拉得更长一些，使叶片在稻秆上的着生距离可以分散拉开，有利于透光，改善受光态势，并能扩大叶层范围，保持较多的叶片量。

所以节间伸长能起到改善水稻株型的效果。不过茎秆伸长也会增加倒伏的风险，用来抑制节间伸长、防止倒伏的常规手段如烤田、限制氮肥、喷洒倒伏减轻剂等在这里就不能使用了。

但下位节间伸长过多，会引起挫折型倒伏危险。只要不采用人为的制约手段，让水稻通过自身机能调节生育状况向短秆方向发展，就可能实现图 2 中 B 株型的目标，长出既有充分的叶量，又有良好受光姿态的水稻。

1.4 节间和叶片的伸长条件

从图 4 可以看出，水稻的第 5 节间与第 3 叶，第 4 节间与第 2 叶，第 3 节间与第 1 叶（剑叶），具有同期伸长的特性。V 字理论稻作利用水稻的这种特性，以幼穗分化期为中心控制氮肥施用，使下部节间变短，以增强水稻的抗倒伏能力。另外，可使上部叶片短而直立，形成受光态势良好的水稻植株。

可是，水稻各器官的伸长时期及它们之间存在的同步伸长关系，就节间与叶片间的同步伸长关系来说，大家都认为如果某节间伸长良好，则与其同步伸长的叶片也会伸长良好。可是实际上这种情况却没有出现，图 5 及表 1 就是例子。

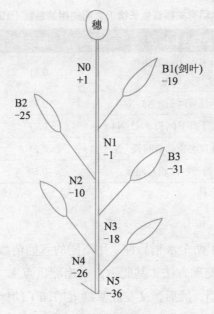

图4　各叶片及节间的伸长盛期

注：图中数字指出穗前天数，N指节间，B指叶片。

（濑古等，1957）

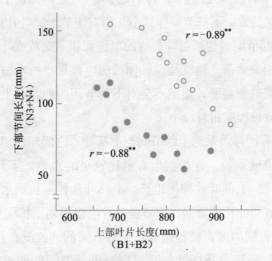

图5　上部叶片长度和下部节间长度的关系（1987）

注："○"为"越光"，"●"为"日本晴"，6月15日移栽。

表1　水稻有关器官生长情况之间的相关系数（1987 年）

有关器官生长情况	越光	日本晴
上部叶片长与上部节间长 （B1+B2）　（N0+N1）	0.81**	0.93**
分蘖数与下部节间长（N3+N4）	0.73**	0.85**
叶面积系数与下部节间长（N3+N4）	0.77**	0.95**
伸长期氮素吸收速度与下部节间长（N3+N4）	−0.23	−0.39
叶面积系数与株际相对照度	−0.68**	0.18

注：来自图 6 的资料。

　　图 5 反映了两个水稻品种采用不同的栽插苗数（2 苗、6 苗）及不同的氮肥施肥方法（基肥重点、追肥重点），种出了生育量明显不同的水稻。然后，又在此基础上增加了幼穗分化期施用氮肥与不施用氮肥两项处理，得出了以下有关节间与叶片间伸长关系的结果：

　　① 原本有同伸性的下部节间和上部叶片之间出现了负的同伸关系。也就是说，下部节间伸长小，而对应的上部叶片伸长大。

　　② 下部节间的伸长与伸长前的单位面积茎蘖数或叶面积系数之间呈正相关关系。也就是说，伸长前生育量小的水稻，如果在幼穗分化期追施氮肥，追肥不会对下部节间的伸长产生影响，下部节间的伸长程度相对较小。

　　③ 没有同伸关系的上部节间与上部叶片之间却出现了正的相关关系。也就是说，伸长前生育量比较小的水稻，下部节间短，上部节间长，上部叶片伸得也长。上部叶片伸得长的水稻，自然因为上部节间伸长的原因，上部的叶片层也得到了扩张。

　　④ 伸长期的氮素吸收速度对下部节间的伸长没有什么影响。也就是说，幼穗分化期的氮素追肥对下部节间的伸长没有什么影响。

从水稻身上看到的以上现象表明，水稻具有能被培育成后期健壮型的良好高产特性，利用好这个特性，就可能实现抗倒伏、高产的生育模式（见图6）。我想将这个模式再具体化应该是不难的。

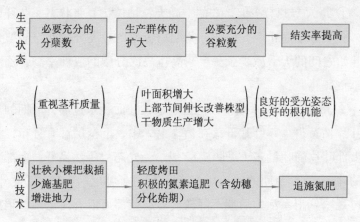

图6　抗倒伏、高产水稻的生育类型

（桥川，1987）

2　株型与灌浆结实性能

2.1　稀植栽培的特点与问题

极端稀植栽培（0.74万穴/亩、1苗/穴）与普通密植栽培（1.48万穴/亩、4苗/穴）的产量及其穗粒结构比较见表2。

表2　稀植与密植的产量构成比较

栽培方式	穗数（万穗/亩）	颖花数（粒/穗）	结实率（%）	糙米产量（kg/亩）	分蘖成穗率（%）	谷草比
稀植稻	22	104.1	83.7	427	78	0.93
密植稻	28.8	75	84.6	410	69	0.81

注：品种为"日本晴"，早栽，1978—1981年4年的平均值。

（桥川，1984）

　　稀植稻虽然穗数少，但每穗颖花数多；而密植稻，尽管看不到结实性状有什么不足之处，但产量仍比稀植稻低。这是什么原因呢？

　　与密植稻相比，稀植稻具有以下特点：

　　① 每穴茎蘖数少但每穴的空间大，植株呈开张状态，茎秆粗壮，有效分蘖终止期、最高分蘖期均较迟，最高分蘖期与幼穗分化开始之间的天数减少了一半。高位高次分蘖的成穗率高，穗形大小整齐。

　　② 最大叶面积系数小，但达到最大叶面积系数后，后期的下部叶片枯黄得少，叶片群落在植株上、中、下全层都有分布，虽然上部叶片的叶量多（见图7），但是受光态势仍然良好。上部叶片的叶鞘、上部节间的伸长都比较长，促进了叶层向上扩展。此外，还可观察到根系活力后期下降较慢。这些都可以看作是稀植稻穗大而结实率又不低的原因。

　　③ 除初期生育量比密植稻小外，通常生长率高于密植稻。特别是由于灌浆结实阶段干物质生产速度快，到成熟时，生物产量与密植稻已不相上下，可是谷草比却高于密植，从而取得比密植稻高的产量。这是典型的后期健壮型水稻的生育模式。

　　与这种超稀植水稻的出色生产力及其反映出来的水稻个体的强大生产力对比，由小苗密植引起水稻生育软弱化而造成的水稻大面积生产停滞现状十分显著，应该从反省中学习。最近每穴苗数和单位面积穴数减少的稀植化动态有所进展，这是件好事，但是其中出现了一些栽培问题，尤其是生育中期的氮素追肥问题。

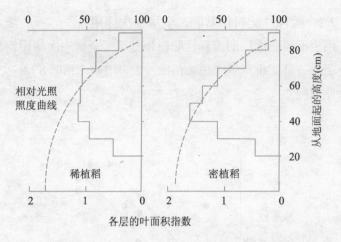

图7 "日本晴"稀植稻、密植稻齐穗期的叶片群落构成

（桥川等，1984）

　　茎蘖数较少的稻田在幼穗分化期进行氮素追肥是可以的，目的是增加颖花数，但是常有氮肥用量过大的情况出现。氮肥用量过大，造成上部叶片过长，稻株受光态势恶化，于是茎秆基部相关的力矩会极端地增大，引发弯曲型倒伏，迟抽稻穗比例也会增加。幼穗形成期的氮肥用量，要控制在上部叶片不致伸长过多的范围内。

　　这个时期氮肥的过多施用，还会造成稻株体内氮素含有率过高，减少出穗前茎蘖部的碳水化合物蓄积量，从而减少抽穗后由茎秆部向穗部的碳水化合物运转量。即使根系活力较强，如果遇到出穗后坏天气持续的情况，稻谷的碳水化合物蓄积量仍会减少，造成灌浆不足。尤其是"越光"等品种，抽穗前茎秆中碳水化合物蓄积量较一般品种少，更要注意。

2.2 缓释性肥料作基肥，全量一次施用

用表面树脂涂层的缓释性肥料作基肥，全量一次施用，与常规施肥法（基肥重点施肥法）相比，大多增收（见图 8），这又是什么原因呢？

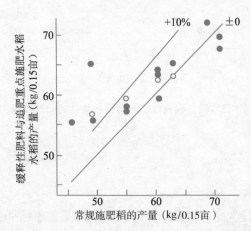

图8 缓释性肥料作基肥全量一次施用水稻的增产效果

注：● 为缓释性肥料施用区，○ 为追肥重点施肥区；品种为"日本晴"和"越光"；根据 1983—1989 年的试验结果制作。

表面树脂涂层肥料肥效受温度影响，有时大有时小。水稻生育初期温度低，肥料有效成分溶出速度慢，而强调限制氮素养分供给的幼穗分化期已经到了生育中期，地温已经升高，肥料有效成分溶出速度加快，肥效明显提高，并能持续到成熟期。

表面树脂涂层缓释性肥料作基肥，全量一次施用，初期氮素养分吸收少，水稻生育量小，但仍能获得必要的分蘖数，更可促进根系生长，有利于维持后期根系活力。生育中期肥效增高，有效分蘖比率提高，颖花数增多，上部节间、上部叶片伸长良好，株型呈后期健壮型（图 2 中的 B 型），叶片群落的构成也与图 3

中基肥无氮肥的类型相近，看不到受光态势的恶化。这就是基肥全量一次施用的增产原理。

图 8 是基肥少氮，然后追肥多次分施的处理与常规施肥处理的对比。前者通过少量多次施肥，在水稻全生育期过程中，缓慢但不间断地获得氮素养分的供给，呈现出与缓释性肥料类似的水稻生育相，同样比常规施肥方法增收，但具体操作比缓释肥料基肥全量一次施用要麻烦。

表 3 是缓释性肥料作基肥全量一次施用处理后水稻的生育和产量状况。仅用 3.3 kg/ 亩（5-N）的纯氮施肥量获得了亩产糙米 400 kg 的高产，而且每粒稻谷在灌浆结实过程中只需很少的叶面积来负担，这是一种效率非常高的施肥方法。氮素吸收量不足 6.6 kg/ 亩（10-N）的纯氮，糙米产量超过了 400 kg/ 亩，表明水稻对氮素养分的吸收有很高的生产效率，这样的后期健壮型生育模式十分出色。

表 3　缓释性肥料作基肥，全量一次施用水稻的生育及产量

区别	叶面积系数 8/6（最大）	9/2	叶面积（cm²/ 实粒）	成熟期氮素吸收量（kg/ 亩）	颖花数（万粒 / 亩）	结实率（%）	糙米千粒重（g）	产量（kg/ 亩）
0-N	2.82	2.06	1.36	4.00	1 290	93.0	23.2	278
5-N	4.83	3.07	1.47	6.37	1 990	90.4	23.3	418.7
10-N	7.56	4.61	2.06	8.47	2 320	84.8	22.3	438

注：品种为"日本晴"，5 月 11 日移栽。0-N 区（无氮）、5-N 区（折纯氮 3.3 kg）及 10-N 区（折纯氮 6.6 kg）用 LP 复合 E-80 作基肥，叶面积为 8 月 6 日至 9 月 2 日的平均值。

（桥川等 ,1992）

2.3 从无氮肥栽培水稻的生育状态中得到的启发

表3中有一个作为对照的无氮肥栽培的处理，从中可看出，无氮肥栽培水稻生育量很小，与施肥处理相比，全生育期间，尤其是灌浆结实期间的叶色很淡。然而不仅是这个试验项目，凡是无氮肥栽培的水稻结实率毫无例外的都很高，谷粒都很饱满。这是什么原因呢？

其原因之一是颖花数少，植株受光态势好。此外，虽然每张叶片的光合作用速度较慢，但每个结实谷粒所负担的叶面积却很少。氮素吸收量，尤其是生育前半期对氮素吸收量大的水稻，其根系机能活力明显下降。表3中（10-N）处理区资料表明，灌浆结实期叶片量多、叶色浓的水稻，由于呼吸量增多，光合作用效率明显下降。这个处理区虽没有完全倒伏，但有部分区域早早地出现了弯曲型倒伏，纹枯病、穗稻瘟发病增多。为了增加产量，大量增施肥料的无效做法，怎么说也是件蠢事。今后，农业低投入（low input）技术将是一个重要课题，无氮肥栽培水稻的生育状态、产量特性等是研究低投入施肥技术的原点，从中能学到不少东西。

2.4 株型与倒伏

将图2中两种模式的生育特征汇合成表4。

表4　水稻株型与生育特征

株型	生育模式	下部节间	上部节间	上部叶	株高	下部叶枯萎	倒伏的危险
A 型	后期衰落型	长	短	短	短	多	挫折型，大
B 型	后期健壮型	短	长	长	长	少	弯曲型，小

A型水稻初期生长量大，生育中期由于氮素养分供应限制，叶片伸长过程中叶色变淡，但下部节间却变长，表面看稻株的受

光态势还好，但实际下部叶片枯黄较多，挫折型倒伏的风险大。

B型水稻与其相反，初期生育量小，但中期以后生育量增大，生产骨架扩大。植株上部看似很繁茂，但受光态势不受影响，茎秆粗壮，叶片伸长过程中叶色较浓，可是下部节间的伸长程度不大，下部叶片的枯黄情况也不严重，不用担心挫折型倒伏，但是不利条件出现时发生弯曲型倒伏的可能性增大。

茎秆基部的力矩增大，抗倒伏能力当然会下降。但与下部节间伸得过长引起的挫折负重增加直接倒伏不同，力矩的增大首先引起草姿混乱、茎秆倾斜，降低抗倒伏能力，然后因承受不了挫折负重形成压力倒伏。因此，即使是后期健壮型水稻，也要适当控制生长量，谨防上部叶片过度伸长，防止植株过高，控制好力矩长度。

2.5 结束语——今后的技术课题

初期生长量过大引起的后期衰落型水稻，即使株型良好，灌浆结实性能仍然较差，与之相反，初期生长量较小，但中期以后生产骨架能充分扩大的后期健壮型水稻，却本质上具备良好的灌浆结实性能。这些观点已在前文中强调。

但是，初期生长量的大小，究竟以什么程度为宜？如果初期生长量过小，中期以后生产骨架的充分扩大还有可能吗？通过拉长上部节间能改善株型，但会不会因品种的关系引起植株上部过于繁茂呢？还有，这样的水稻出穗前碳水化合物的蓄积明显较少，灌浆结实阶段遇到不同的气象条件时，如何采取相应的应对措施？这些问题，还待今后继续探讨。

执笔 桥川潮（日本滋贺县立短期大学）

写于1992年

人工插秧
稀植栽培

　　此文献给熟知水稻种植的各位。我只是一名实干者，并不是什么学者，也不是能向本书（译注：指日文版"最新农业技术系列丛书"作物篇之二《水稻省力栽培最前线》）投稿的大人物，更没有试验场的那些具体数据。说到底，只是过去37年经验积累的表白，怀着对现行农业技术有很多无用和错误的疑问，发表一些不同的观点。有不成熟、不正确之处，还请原谅。

　　农业技术日新月异，今天的新技术或许明天就已落后，农业技术没有止境。生命不息，学习不止。

1　过去的技术重视穗数

　　在缺少肥料的年代，水稻的生育量很小，增加茎蘖数就能增加产量，但确保茎蘖数的绝对量很难。这样的理论可以说是正确的。在1945—1955年人工插秧的年代，主要是通过密植（增加每亩栽插穴数）和大棵把插秧（增加每穴基本苗数）来弥补茎蘖数的不足。

　　这种依赖人海战术的人工插秧，随着兼业化的发展，越来越被认为是难以负担的重劳动。1955—1965年间，水稻种植方式逐渐地转变为直播，密植程度随着播种量的增加越来越大。在那个少肥的年代，在低产田里密播，可以轻松地确保茎蘖数，然后单靠主茎穗的高结实率收获大米，稳定产量。

之后，农户便习惯了密播。而随着适合多肥的"日本晴""金南风"等品种的普及，施肥也由单一肥料向效率高的复合肥料转变，越来越倾向于多肥栽培。密播加多肥，催生了田里看上去稻草很旺，稻穗却很少的稻草生产时代。

直播栽培由于密植多肥，开始出现水稻生育障碍现象。在同一块田里持续十年直播，无论施多少肥都会很快缺肥脱力。水稻胡麻叶斑病多发，秋落（生长后期长势很快衰落）症状年年加重，连年持续低产。

直播田不上水、整地，土壤保水性差，就像是在旱地里种植旱稻一样，土壤中的微生物群落种类发生了变化，使得厌气性微生物生息困难，从根本上颠覆了日本几千年来固有的水稻栽培生态环境体系。

由此产生的水稻生育不良症状，使人联想到"水稻是否也会有连作障碍"，氮肥用量比人工插秧时代多出50%（折纯氮达8 kg/亩），却依然不足，只是助长胡麻叶斑病和纹枯病而已。其间，有人将人工插秧和直播在同一块田里隔年轮换，就完全没有出现此类症状，这是土壤微生物群落发生变化引起水稻连作障碍的充分证据。

我有12亩连续直播多年的田块，每亩超稀播0.8 kg种子，并且通过上水、中耕、除草翻动土地，达到与人工插秧稀植相同的效果。每亩撒播6.7 kg稻种的直播田，通过灌跑马水努力防止旱地状态出现，维持了亩产糙米400 kg的产量。

插秧机的出现，成了直播栽培水稻产量日趋下降的救世主，水田又重上水、耕翻、整地，恢复日本水田的本来面目。农户们都很吃惊，土壤持水性变好了，即使用很少量的肥料，吸收效率也很高。如果按以前直播的习惯来施肥，会觉得水稻对氮肥的反应变得敏锐了，生长初期茎蘖数的确保也变得非常容易。想到长期以来为了确保每亩有 20 万穗多一些的有效穗数而费尽心机的情景，简直就有一种隔世之感。实际上，这是再一次掉进了大陷阱。

2 密植栽培存在的问题

2.1 密植和过繁茂

如前所述，肥料少的条件下，为了能轻松地获得每亩 333 kg 的糙米产量，肯定选择密植。漏水田等低产地区，密植在确保穗数绝对量方面是有利的，可是在原本高产的地区或多肥栽培时，密植就必然会导致过繁茂。

每穴苗数插得多的机插秧，间隔狭小，产生了秧苗个体间的互相干扰，很早就开始了同穴秧苗间的竞争，个体秧苗失去了实现其充分生育的空间，这是致命的。

充分施入基肥以后，机插小苗的弱小分蘖一边相互竞争，一边不断长大，为谋求新的空间抢着向上生长。下部无法照射到阳光，处在郁蔽状态下，运送到根部的淀粉生成不足，根系失去了活力，发生烂根，下部叶片也加快枯萎。

2.2 苦于确保初期茎蘖数

V 字稻作理论是基于寒地稻作技术的理论，被参照引入温暖地区，可是现在暖地的稻作指导体系已经偏离了原来的 V 字理论。早栽插早活棵，重施基肥，初期生育从表面看预定茎蘖数很快就能达到，但是却导致了过繁茂。数一下会发现，每亩苗数竟达到 32 万苗以上，而大家都认为这样挺好。到了中期则重烤田抑制氮肥吸收。但水稻生长与机器运转不一样，并不是开关一按马上就停止的。虽是烤田了，但水稻分蘖仍然不停止，相当一段时期内无效分蘖仍在陆陆续续地增加着。

温暖地区水稻品种对于日长（白天时间的长短）比较敏感，

不管植株体量有多大，只要白天的日照时间不缩短到一定程度，花芽是不会分化的。无论插秧多早，如果是"黄金胜"品种，不到9月3日是不会抽穗的。纬度越往北，夏天的日长就越长，所以抽穗期就越迟。这种无视水稻的生理规律，生搬硬套V字理论，强调确保初期茎蘖数的做法，是温暖地区每亩糙米产量突破不了400 kg的根本原因。

而过多地施用基肥加剧了这种现象。如果是6月20日插秧，一般基肥加初期分蘖肥施入量折纯氮为每亩3.3~4 kg。这样，到7月15日（抽穗前50天）就已经出现过繁茂状况，站在田埂上已经看不到稻田的水面了（过早封行）。

虽然离幼穗形成期还有一个月，但地上和地下都已经挤满了，没有任何空间，这期间水稻完全像是在放暑假休息，生育停滞。

如果水稻真的休息那也好，但怎么说这也是一年当中气温最高、日照最强的炎热时期，水稻又不能放进冷库保存，因此在这么酷暑的时节，水稻就像是人穿着毛线裤和皮毛外套参加忍耐力比赛一样。

累计积温达到100 ℃，水稻就会长出一张叶子。这时，水稻以3天一张叶子的速度不断长大，但一旦遭受重烤田和氮肥控制就会引起营养不良，下部的叶片和迟发的小分蘖就会不断死亡，为救助早发大分蘖做出牺牲。这也就是所谓水稻生长的夏季衰落，远看稻田呈现出漂亮的叶色褪淡，达到了"稻有三黄"V字理论的指标，农户很高兴，其实稻体自身已处于濒临死亡的状态了。

好不容易每亩达到了32万苗以上的茎蘖数，但是抽穗时一查却有近50%是无效茎蘖，最终每亩穗数不到20万穗，这就是温暖地区机插密植——初期茎蘖数确保型水稻栽培的现状。

为了防止这样的夏季衰落，暖地稻作技术中有一项接力肥措施，但是部分有经验农户的接力肥技术能普遍适用吗？

像"西誉"这样的特殊品种，下位节间伸长不会引起倒伏，但是一般品种稻株处于郁蔽状态时，都会努力向上伸长，寻求自己的生长空间，从而带来倒伏的隐患。想在叶色恢复前追施的接力肥，却成为水稻纹枯病的诱因，而反复打农药的结果，应该就是等着倒伏吧。

2.3　多余无用的肥料技术指导

（1）土壤改良剂的指导

硅（Si）是一种微量元素。从稻草中检测出大量的硅就是其能被旺盛吸收的证据。因为能被旺盛吸收，所以必须施用，这成为大量施用硅肥的指导依据。但是据我的经验，因施用硅肥增收的事例还未见。这是完全无视收割机秸秆大量还田，无视硅的天然供给量的指导。实际是既无害也无益，就如客土一样，不过如果用山土或海砂来客土还是有效果的。

投入含铁资材，过多的铁会强化磷酸的固定吗？护根的氧化铁提供的是微量元素，微量就可以了。即使用炼铁炉渣施肥，也看不到水稻根有任何变化。

熔磷、重过磷酸钙等磷酸肥料作为土壤改良剂有用吗？1972年粉肥播撒机错误地把1.5亩的磷酸肥料量施到了0.15亩田里，但在此后的10年时间里，并没看到水稻的生长有什么变化。枸溶性磷酸是不溶于水的，就和未加工的磷矿石一样，其实都只是客土罢了。

现在的农户都认为水稻不增产是由于肥料不足，就像抓救命稻草似的，只要听说好，就什么都往稻田里投，不能不说这是一种"病人"的心态。乘虚而入的商人，不断地把农民手上的资金吸走，这行吗？

（2）硫铵是否是亡国肥料

二战后不久，硫铵亡国论出现。说是如果连续使用硫铵，所含的硫酸根会使土壤酸化，硫化氢会使水稻烂根，其为诸恶之源。硫铵亡国，于是把硫铵作为攻击对象。

硫酸根确实有害，至今我仍相信。对于含有硫酸根的硫铵、过磷酸钙、硫酸钾应敬而远之，现在已是打着"这是不含硫酸根的肥料"广告词的高级复合肥料万能的时代。

但是这样的肥料肥效到底怎么样呢？日本是个火山国，土壤是不会缺硫黄的，这是个常识，最近这个常识不正在连续被硫铵、过磷酸钙的卓越肥效推翻吗？

作为 P（磷）、K（钾）以外的副成分，$CaSO_4$（硫酸钙）和 H_2SO_4（硫酸）的效用被重新认识，如何来看待这件事呢？

至于亡国论的说法，硫铵的使用量是个问题。这大概是担心过多偏施化肥的警告性言论，即使在有新认识的今天，也不能说它一点害处都没有。如果我们能适当、适量地使用硫酸根肥料，它将是一种物美价廉的农家用品。在这里，我甚至有提倡硫铵救国论的想法。

（3）磷肥施用过多的问题

再谈谈专用肥。在最近的高级复合肥料里面，P（磷）含量特别突出的山字形（氮低磷高钾低）复合肥比较多。市场上非山字形复合肥不好卖的现象已成事实。专用山字形复合肥，尤其是对氮素需求量少的作物和易倒伏品种的专用山字形复合肥更加好卖。目前，已经有所谓的"越光"水稻专用肥、小麦专用肥、草莓专用肥、山田锦（酿酒专用米品种）专用肥，甚至还有萝卜专用肥。

说是"专用肥"，会给人以肥料中添加了某些特别成分的印象。这或许是商品推销的卖点吧，让人觉得如果用在专用作物之外就不行。其实完全没有那回事，它们只不过是多了些磷、少了些氮的山字形复合肥而已。把这说成是为了卖出好价钱的一种诡辩虽然有点过分，因为这样农户们就被当成了无知而容易受欺骗的客户。善良的农户们因此被迫多花了钱，换来的结果是施磷过多，为"越光"稻的倒伏出了力。

磷肥真的有必要施那么多吗？没有那样的道理。投入土壤的磷成分，如果被离子化成水溶性的 $H_2PO_4^-$，就会在很短的时间内和氧化铝铁结合成为不溶物。我们都知道，投入的磷肥将有95%是无法被利用的，因为看不到效果就加大投入量，这就是现在的指导。没有效果的东西无论投入多少都是没用的，和熔磷一样，日本历史上，像这样残留在土壤里的不溶性磷肥已不计其数。

土壤里面存在着能将不溶性磷转变成可溶性磷的微生物，所以多施磷肥是没有意义的。稀植水稻的根可以依靠自己分泌的有机酸，溶解长眠在土壤中的磷素养分并取食吸收。

日本磷矿石全部依赖进口。如果发生什么情况，进口就会有问题。为此非常期待开展对能变不溶性磷为可溶性磷的微生物的研究。

下面以鸡粪为例进行具体说明。鸡粪养分含量也是山字形的，其中 N（氮）3%，P（磷）5%，K（钾）2%，相比之下，磷的含量突出得多。插秧前每亩投入333.3 kg的鸡粪，长出的水稻会是什么样的呢？养鸡户的稻田到了冬天就成了鸡粪堆积场。每年都投入大量的磷肥，是否能够使得苗势强劲，促进结实呢？无一例外的是鸡粪投入多的稻田多发生倒伏，即氮肥的效果特别显著。磷施得再多，只要氮肥多了，水稻就不吸收磷和钾了吗？是磷成分被固定下来不起作用了，还是磷和钾帮了氮的忙多余地促进了生长呢？我们做了"越光"水稻的磷肥肥效试验，为了速效使用了过磷酸钙，其结果见表1。

从表1的结果看，水溶性速效磷肥在颖花分化期前后集中单独施用，促进生长的效果明显，植株伸长并弯曲，长相不良。"越光"稻的倒伏是多量的磷钾施用促进生长后产生的反效果，只施硫铵营养片面，能抑制株高，起到防止倒伏的效果。

多施磷肥就多浪费，因为磷肥如果不被有效利用，就会被固定在土壤里，为子孙在田里留下不溶性磷，这就好像花高代价投资植树造林事业一样。

表1　磷肥肥效试验

分区	底肥全层	分蘖肥	调节肥	穗肥	秆全长（cm）	粒数（粒/穗）	倒伏	穗数（万穗/亩）
氮肥单用区（0.75亩）	硫酸铵 10 kg	出穗前40天，硫铵 10 kg		尿素 6 kg	75	110	无	22.2
过磷酸钙兼用区（0.75亩）	硫酸铵 10 kg、过磷酸钙 10 kg、氯化钾 2 kg		出穗前25天，过磷酸钙 20 kg	深层施肥	90	115	后期弯曲	22.2
产量构成要素	22.2万穗×110粒×结实率75%×千粒重22 g÷1000 =403 kg/亩							

注：① "越光" 5月25日播种，6月30日插秧，8月30日抽穗，10月15日收获。

　　② 不使用任何堆肥、土壤改良剂。前茬休闲，施用纯氮总量4.7 kg。

　　③ 过磷酸钙使用区在抽穗后产生了差异。作为调节肥的过磷酸钙起到了促进生长的作用，第1节增长了10 cm，在有关剑叶、穗、着粒等方面显示出生育促进效果。但由于过磷酸钙区出现了弯曲型倒伏，因此最终产量两区几乎没有差别。

　　总之，可以说磷肥在土壤中是取之不尽的，健壮生育的稀植水稻的根能将其分解取食吸收，如果不去种植这样的水稻，那就只是在一味地往田里面扔钱了。

3　密植、稀植水稻的生育进程和技术目标差异

3.1　生育进程的不同

（1）根本差异是个体间的影响

　　机插小苗密植栽培，一般是行距30 cm，株距15 cm（每亩大约1.4万穴）的标准。育苗时每个秧盘播种200 g，每穴就是5~12苗，平均大概每穴8苗。

　　插秧之后，穴内秧苗个体间的影响随即展开。即8棵小苗还未等到活棵就已经开始了竞争，它们的根部互相缠绕，并且向

邻近的穴延伸，只要伸出去 7 cm 多一点，邻近穴的根系就会被缠绕。

因此，每个个体都无法得到充分的生育量，但是基肥多施氮肥以后，依托于土壤中高浓度的氮素含量，它们一边相互竞争一边依靠集体的力量，几乎可以保证没有一个个体落伍。这就像是给密集饲养的小肉鸡投放了充足的饲料。

稀植水稻则与此相反，它们没有穴内竞争，穴间距也是密植水稻的 2 倍多，到它们根部相互缠绕、个体间相互竞争需要很长的时间，因此营养生长期内几乎不会出现竞争。

（2）进展型生育和退化型生育

密植，插秧当天每亩就插下 10 万基本苗。

稀植，插秧当天每亩仅插 0.6 万~0.7 万穴、1 万基本苗，相当于密植基本苗的 1/10。无论是地上的空间，还是地下的土壤容积，其个体间的影响也只有密植苗的 1/10。

拿人类打个比方，以一定的收入和粮食，在同样是 6 个榻榻米面积大小的房间里分别养 1 个孩子与养 10 个孩子，其父母的辛苦程度以及孩子们的成长状况，包括他们对疾病的抵抗力和健康程度等方面的差别是不难想象的。

个体间影响——互相争夺养分和阳光，逐渐显露出其竞争的本性，正如图 1 所示的那样，生长发育过程明显地分为进展型和退化型两种。

如果密植栽培最终穗数为每亩 30 万穗，是插秧时每亩 10 万基本苗的 3 倍，1 苗分蘖成 3 苗就可以实现，每穴就有 20 苗。由此产生了每穴 20 苗可以确保初期茎蘖数的误解，这就是 V 字理论制定初期确保茎蘖数以每穴 20 苗为目标的理论依据。于是初期确保茎蘖数，中期抑制的 V 字理论指导大行其道。其实如果初期茎数确保了，而中期抑制却不能顺利进行，则会招致过繁茂现象的出现。

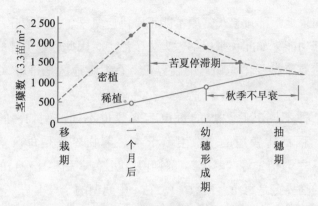

图1　平均茎蘖数的动态

注：① 密植＝退化型，有效茎比例 55%~60%，每穗 50~60 粒，每亩粒数
　　　16 万 ~18 万粒。
　　② 稀植＝进展型，有效茎比例 90%~100%，每穗 150 粒，每亩粒数
　　　28 万 ~30 万粒。

　　每穴 20 苗、每亩 30 万苗这样的数字不应是茎蘖数目标，而是收割时的穗数目标。因为初期茎蘖数有每穴 20 苗，最高分蘖期时就会达到每穴 35~40 苗、每亩 50 万苗左右的过繁茂。

　　当地水稻能恰到好处地接受阳光的限度是每亩茎蘖数 30 万苗左右，如果超过这个限度就会发生自然淘汰，在最高分蘖期到幼穗形成期之间的生育停滞时段内出现枯死，最终的穗数将会减少到原来最高茎蘖数的 50% 左右，这就是当前水稻密植栽培的实际情况。虽然茎蘖数达到了目标，可是却不能有效地转成穗数，这是空间的个体间竞争和根部的个体间竞争的结果，这些前面都说过了。

　　由于根的互相缠绕、互相竞争，引发土壤氧气不足，最终导致根腐。原本适应在还原状态下生长的水稻根，在这种环境条件下对氧气的要求也已不能得到满足。如果能从水稻叶片中获得氧气和淀粉供给，根系就能在强还原状态中继续保持活力并发挥作用。如果地上部过繁茂，原本能正常供应氧气、淀粉的叶片就会失去其功能，如此一来根部就失去了活力。因此，地上部的茎蘖数自然有个接受阳光照射的临界点，在温暖地区是每亩 30 万苗左右。

品种不同其临界点的每亩茎蘖数也不同。例如，叶片比较窄、稻穗比较短的"中生新千本"等临界点是每亩茎蘖数 30 万 ~32 万苗；像"峰丰"那种叶片比较阔、稻穗比较长的穗重型品种临界点是每亩茎蘖数 20 万苗；中间型的"日本晴"和"黄金胜"处于两者之间，每亩茎蘖数为 24 万 ~26 万苗。

1 株水稻的分蘖，最多可达 211 个，这是广岛县一位初中生的实验结果，曾一度成为热门话题。如果把 1 株"中生新千本"栽在一个废油桶里，给予它充分的空间和肥料，就能长出 211 个分蘖。水稻有这么强大的繁衍子孙的本能，对于每亩栽 10 万基本苗的密植水稻，提出"每株只能长出 3 个分蘖"要求的人似乎太过专横了。水稻当然不会答应，它的本能是每亩茎蘖数达到 50 万苗的过繁茂。

过多的基肥再加上分蘖肥"吃得太饱"，更是加重了过繁茂程度。插秧提早了，最高分蘖期提早了，幼穗形成却没提早，造成中期的生育停滞，无一例外地出现夏季生长衰落现象。

零基肥出发，也不用追肥，仅靠阳光和水使茎蘖数在幼穗形成期达到目标穗数的 80%，真心希望能有这样的技术指导。可是农户喜欢看到的是前半期长势旺盛的水稻，和他们谈不拢。他们只知道稻穗是长在稻秆上的，有茎蘖就有稻，其实密植水稻长出的茎蘖 100% 成穗不退化，是不可能的。

3.2 产量的穗粒结构和技术目标

（1）粒数的确保和籽粒的充实才是技术目标

高产的绝对条件不是茎蘖数而是粒数。产量的穗粒结构是"粒数 × 结实系数"。

每穗粒数和茎叶的维管束数是呈比例的，因此茎粗是个条件。但是每穗粒数的增加，除了茎粗外，还与颖花分化期以后的氮肥量呈比例，如果茎秆较细，中后期长势衰落，达不到进展型要求，就不能确保粒数。

粒数也有临界点。粒数过多，超出了淀粉的生产能力（与叶面积和受光态势关系密切），装入稻粒的淀粉量会不足，结实率就会急剧下降，结果外观长势很好但产量却并不高。这个临界点是密植稻每亩约 2 800 万粒，稀植稻每亩约 3 000 万粒。粒数受二次枝梗数的影响最大。二次枝梗的充实度决定了产量。

下面是 1977—1981 年间兵库县南部密植水稻和稀植水稻产量穗粒结构及结实系数的平均值（品种"黄金胜"）。

其中：

每亩粒数 × 结实系数＝稻田的亩产量

每穗平均粒数 × 每亩穗数＝每亩粒数

结实率 × 糙米千粒重＝结实系数

"密植"平均值：

每亩粒数 =60 粒 ×28.3 万穗/亩＝1 698 万粒

结实系数＝85%×23 g＝19.55

亩产量＝1 698 万 ×19.55＝331.9 kg（糙米）

"稀植"平均值：

每亩粒数＝140 粒 ×20.2 万穗/亩＝2 828 万粒

结实系数＝75%×22.2 g＝16.65

亩产量＝2 828 万 ×16.65＝470.9 kg（糙米）

根据这个平均值可以看出与结实率有关的密植和稀植的优点和缺点。

（2）稀植的优点和缺点

稀植的优点如下：

① 确保每亩 2 828 万 ~3 030 万粒临界点的粒数是不难的，每

亩 16.2 万穗的产量是糙米 400 kg，每亩 24.2 万穗的糙米产量达到 500 kg 也是可能的。

② 由于二次枝梗着生的粒数较多，整体的千粒重较低，但米粒较圆润、有光泽，品质得到了提高。

③ 直到结实后期茎叶仍有活力，并能长期维持，可以推迟到二次枝梗谷粒饱满后收割，裂纹米少。

但它也有缺点。由于二次枝梗数量多，结实率比密植水稻低 10%，这方面还有很大的改善余地，这是今后的研究课题。

结实后期氮素浓度过低、过迟收割等都和大米的食味品质密切相关，尤其是结实后期氮素浓度影响更大。

（3）密植的优点和缺点

密植稻一次枝梗、二次枝梗退化明显，单个枝梗上着粒很稀。正因为着粒稀所以谷粒大，谷粒比稀植的长，这于千粒重有利，结实率也有所提高。

但是密植的缺点却是致命的：确保粒数非常麻烦；虽然谷粒长，但淀粉生产量低，谷粒显得扁平，容易出现裂纹米；适收期区间窄，必须尽快收割。

4 实际栽培方法

4.1 培肥地力

所谓培肥地力，是指提高土壤的保肥力，并不是指将肥料成分往土壤里积储。只是往土里倒牛粪和鸡粪是不能培肥地力的。要增加腐殖质和土壤盐基置换容量，必须大量施用发酵腐熟后的粗大有机肥（包括施在地里发酵腐熟的有机肥），并且必须施至土壤深处。否则，即使投入优质堆肥，如果耕作层较浅，其腐殖质分解速度就会很快，表土 10 cm 处的堆肥在炎热夏天的水田里早早就被消耗殆尽了。

靠联合收割机还田稻草加上脱粒后的还田稻谷壳，就能保持该田块地力所需的腐殖质数量。但必须通过深耕把肥料分散到全耕作层，提高整个耕地的地力。兼业农户地力培肥深耕 20~30 cm 是最省力的。

稻田复种小麦的麦秆也是非常宝贵的粗大有机物，千万不能烧掉。但是，如果施生牛粪，在牛粪充分发酵腐熟之前其中的尿素成分就是个问题。

不能忽视细菌、酶等微生物的作用。地球上如果没有细菌等微生物，食品也好、土壤也好，就不可能存在。自然界中有无数有益微生物的存在，所以没必要刻意去添加。土中的堆肥等如果没有微生物去分解腐熟，水稻是来不及利用的。

割青的小麦和高粱等都是增加土壤肥力的粗大有机物，怎样通过微生物使它急速分解腐熟？怎样利用微生物酶把土壤中的游离氮元素转化成菌体蛋白质？有关土壤改良方面的微生物研究还有很大空间。

4.2　种植密度和插秧苗数

米粒是太阳能量的积蓄物。没有阳光就不能生产淀粉，这样的想法可以说是所有农业技术的理论基础。阳光照射不进的密植水稻应该是得不到令人满意的收成的。阳光能照射到下面的叶子，使每片叶子都能充分利用阳光的是稀植水稻，稀植能唤起水稻原本具有的耐病性和抗逆性。

每亩稻田栽插多少穴算是稀植呢？这不能一概而论，一般每亩超过 0.8 万穴就不算稀植了，每穴栽插 3~4 苗就发挥不了稀植水稻的能力了。从结果来看，在一定的地力和施肥量条件下，出现过繁茂生育的栽插密度就不能算是稀植。

我采用的是 36 cm×30 cm、每亩 0.6 万穴的密度。这个尺寸用在出穗前 45 天深层追肥又迟栽的水稻上，可能过稀了一点，这样稻株受光姿态就好过头了。其实 30 cm×30 cm 的正方形栽插，每亩 0.73 万穴的密度比较好，只是考虑到插秧用工量及作业效率的缘故而没有采用。有一位搞园艺的朋友，在前茬草莓每亩投入完熟堆肥 13 t、鸡粪 0.67 t 的肥沃田里栽水稻，每亩 0.6 万穴手工栽插，还是出现了过繁茂现象，不过亩产糙米仍然达到 466.7 kg。如果每亩插 0.5 万穴，光照条件将更好，亩产糙米超过 500 kg 都有可能。

由此可以看出，以亩产糙米超过 500 kg 为目标的肥沃稻田，如果对自己的肥培管理有足够的自信，可以采用每亩 0.5 万穴的稀植。如果目标是亩产糙米 466.7 kg，就应该采用每亩 0.6 万~0.7 万穴的稀植，即可达到俗称尺角 1 本（旧制，1 尺见方的株行距，每穴插 1 苗）栽插的程度，即 33 cm×33 cm、每亩 0.61 万穴、每穴插 1 苗的密度。此外，栽插密度与插秧时期早迟造成的营养生长期长短也有关系（见图 2）。

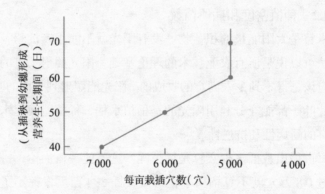

图 2　种植密度和营养生长期长短（中晚熟品种）的关系

注：① 地力标准，施纯氮量为每亩 6.7 kg。
　　② 0.5 万穴/亩以下的稀植不实用，因二次生长会减产。
　　③ 0.7 万穴/亩以上稀植的优势会减半。

4.3　秧苗的素质

在同一块田里进行同样的肥培管理，栽插时叶龄越大的秧苗愈粗壮，其分蘖苗也愈粗，长出的茎、叶、穗也都是大骨架，看上去像是换了一个品种；3~4 叶龄栽插的秧苗，其分蘖的茎就细，长成小骨架。即大苗分蘖少，细苗分蘖多。稻苗的粗细与稻穗着粒数有关，因此总粒数每亩都在 2 800 万粒左右。这种情况下，一般每穗粒数少的穗，其结实率稍高些。

叶龄大的粗壮秧苗有一个大缺陷，那就是其栽入大田后生育旺盛，即便少施肥料，叶色还是很深，容易招惹稻飞虱集中危害。虽然它们对病害的抵抗力很强（表皮角质层很厚），但是对于稻飞虱却没有抵抗力。

考虑到这些，插秧要比周围田块推迟数日，秧苗叶龄要小些，大田减少底肥，确保在比周围机插密植稻田叶色淡的情况下，度过 7 月上旬的稻飞虱迁入高峰期。

尺角 1 本栽插现在已经使用机插，可以进行机械改装。

虽说秧苗质量是 4~5 叶比较好，但仍须改进育苗技术——不给秧苗施肥，培育叶色淡、短而粗、茎叶硬直、下叶不枯黄的秧苗。移栽前送嫁肥会使大田早期长得过旺而引来稻飞虱。

看上去软弱无力的秧苗，栽种到大田之后让其有个恢复过程（大田初期分蘖很慢，可以看作是秧田期的延长），到 7~8 片叶时再让它长出更粗壮的分蘖。这种做法不仅适用于人工插秧，同样也适用于机插。

4.4　施肥量和施肥时期

（1）基肥的施法

在标准地力田，除了早栽地区之外，稀植水稻基肥不施氮肥是不行的。不同插秧时期与基肥施氮量的关系如图 3 所示。

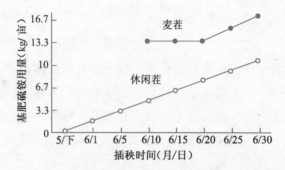

图3　插秧时期与基肥施氮量的关系

注：基肥硫铵在整地时施入，如果在插秧前上水耖田施入，则不能做到全
　　层施肥。而在上水前5天，干田状态耕翻时施入效果好。不施钾肥，
　　磷肥适量地加入过磷酸钙7~14 kg/亩。小麦茬有鸡粪可以替代硫铵，施
　　7袋/亩左右。施用氮肥只限硫铵，且要全层施肥。

　　基肥全层施硫铵折纯氮1.4~2 kg/亩，栽秧后基本不见效果。因为数量太少，扩散在深20 cm以上的土壤耕层里后，根周围的氮素浓度很低，基本和地力氮的效果相当。这个量可维持到抽穗前45天，但是水稻叶色淡，看上去与不施肥差不多。生育前半期，稻田看上去长势很单薄，但个体很健康，深水管理叶子稍有披垂，浅水管理则不见叶片披垂。

　　（2）追肥的施法

　　虽说看上去有点难看，但是插秧后的10天里绝对不能施用分蘖肥。虽然这时周围的农户都热衷于给水稻施分蘖肥，但绝对不能受他们影响。这是水稻一生中最需要忍耐的阶段，如果这点都办不到，那就没有资格谈论高产了。

　　真正的分蘖期是从抽穗前45天开始的，这才是能确保后期茎蘖数的栽培关键期。

　　如果不幸水稻在抽穗前45天出现了不差于周边田块的深绿发黑的旺盛长势（基肥过多或是家人偷偷地施了分蘖肥等），这种情况下目标茎蘖数应该减少到原定的 80%。

在抽穗前 45 天看上去长势很单薄的稻田，就在稻田表层分两次施入 6.7 kg/亩左右的硫铵。如果是稀植栽培可以大胆地施入，不用担心叶片会披垂。后面会谈到深层追肥技术，在这个时候深层施肥尿素可用到 14 kg/亩，施 6.7 kg/亩硫铵根本不会成为问题。这样过一星期，稻田就变样了（见图 4）。密植机插秧的水稻这时已经开始渐渐老化，可是稀植栽培在炎夏里分蘖的速度一天会达到 2~3 苗，在抽穗前 30 天就达到目标茎蘖数，且茎粗而有活力，根和叶都呈现出苗壮成长的态势，这多亏了稀植和初期的忍耐。

图 4　亩栽 7 000 穴的水稻（越光）长势，行间（左）、株间（右）均有很大余地
注：① 6 月 30 日插秧，7 月 31 日摄（1982）。
　　② 基肥：每亩过磷酸钙 10 kg、硫铵 3.3 kg。
　　③ 追肥：抽穗前 45 天（7 月 17 日）每亩尿素 7.4 kg 深追，抽穗前 33 天
　　　　（7 月 29 日）每亩施硫铵 3.3 kg。

这里和 V 字理论指导不同的地方是，所谓抽穗前 40 天禁忌追施氮肥的规定被推翻了。

因为是晚期茎蘖数确保类型水稻，在抽穗前 40~45 天可以果断地追施氮肥，从这个时候开始就是分蘖的旺盛期了，肥效已照

顾不到其下部节间的伸长。但是对初期分蘖旺盛的密植水稻而言，抽穗前 40 天是水稻体质转换期，这个时期氮肥的肥效能促使其下位节间伸长。这是因为密植水稻分蘖过多，下部节间向两旁扩展的空间已没有余地，为了寻求空间只好向上发展。

为什么迟分蘖的水稻能够获得高产？这在于它消除了营养生长期和生殖生长期之间的生育停滞期。温暖地区水稻生产的一大缺点就是存在生育停滞期，而稀植水稻消除了这一停滞期，就等于使原来的生育期得到了延长。而北方寒冷地区水稻能获得亩产糙米 560 kg 的高产量，就是因为它没有造成浪费的生育停滞期。温暖地区水稻稀植后在增收技术方面与寒冷地区就没有区别了。

营养生长期和生殖生长期之间的停滞期现象一旦发生，就会造成生育绝对量的不足和总淀粉积蓄量的不足，减产也就在所难免了。稀植水稻比起那些有停滞期现象的水稻更强壮、更有活力。镰刀收割时可以听见咯吱咯吱的声音，并且仍有 4 片鲜活的叶子的就是这样的水稻。

（3）深层追肥培育超级稻

深层追肥是田中稔先生的理论，已被生产实践肯定并普及推广，希望这个定论能得到进一步丰富。深层追肥的优点是，从一开始就把尿素液注入还原层，所以没有"硝酸化—流失和还原—脱氮作用"这一过程，可以把水稻根系引导到深层，提高肥料的吸收率并且能够长时间保持。

尽管深层追肥的优点很多，但是过多氮肥会降低大米的质量，这是它的缺点。其实这个观点是需要纠正的。

深层追肥时间要提早到抽穗前 50 天，而原来的说法是在前 33 天。事实上，如果追肥迟了，以后直至结实后期仍有肥效，熟相就会变差。深层追肥提早到抽穗前 50 天能得到足够的分蘖数；而抽穗前 33 天深层追肥，有时只能得到目标茎蘖数的 80%，而且剑叶过大而弯曲，稻穗的结实率下降。假使减少深层追肥量可以消除这个弊端，可是如果追肥量减少，花费那么多劳力就不值得了。

抽穗前 50 天深层追肥，把每亩 13 kg 的尿素溶化到 20 L 的液体中，用泵向每 4 穴正中注入 10 mL，则 6.1 kg 的纯氮大部分都被分蘖苗消耗，到后期残效已很小，可以期待水稻呈现出原本具备的枇杷色熟相。

深层追肥后立即上水，没有被氨离子化的尿素保持其原来的状态，渗透扩散直至土壤的耕盘层。如果深层追肥作业后烤田，两天后尿素就会变成氨气，因无法渗透到耕盘层而散至地表空气中，从而造成浪费。

深追的深度越深越好。深度浅虽可提前出效果，但深度，深肥料就会缓慢、持久地发挥效果。10 cm 深时，肥效可持续 7 天；20 cm 深时，肥效则可持续 14 天左右。

此外，在早期深层追肥，水稻较小，操作方便，1 亩稻田作业需要 1.5 个小时。分蘖肥、接力肥，还有 2 次穗肥加 1 次粒肥，本来需要施 5 次肥，深层追肥一次就可搞定，算总账是非常划算的。更重要的是，这样施肥肥料的费用少很多。如果全日本都采用深层追肥法，日本的肥料公司就都要破产了吧。

无论是机插秧密植、直播，还是人工插秧稀植，无论是在北方寒冷地区，还是在南方温暖地区，除了肥沃田之外，无论什么时候、什么地方，深层追肥水稻栽培都是最理想的适用增产技术。地力差的田、低产田、秋季衰落田用此法能获得意想不到的增产效果，而肥沃田因氮素过多不适合用此方法。

深层追肥时使用的肥料仅限于尿素。由于硫铵渗透性不好，所以肥效会减半，而添加磷、钾的液肥价格太贵，不划算。其实不添加磷、钾并不会影响产量，只是商品促销时商人会吓唬农户说，如果不添加磷肥和钾肥，水稻的茎叶就会变软，造成减产。

深层追肥的稻米被贬，说是口味较差。这一半是出于嫉妒，一半是事实。氮素过多会使稻米口味变坏，因为米的中心部蛋白质蓄积而影响了口感。所以与普通的种植方式一样，氮素过多稻米口味就会不好，并不能说成是深层追肥的原因。

还常听说深层追肥的"越光"和"笹锦"大米，在检查时由于其米粒过圆而使人不放心。能够种出让检查人员都无法相信的"越光"大米，对农户来说，难道不是件大好事吗？

（4）调节肥

基肥除了硫铵之外，也可以偶尔施 6.7~14 kg/ 亩的过磷酸钙，其实过磷酸钙加与不加，对照区是没有什么变化的。磷是大量元素总得用一点吧，这只是一个自我安慰的措施。调节肥也是同样，要想获得糙米 466.7 kg 的亩产量，当然不能忽视磷肥和硫酸钙肥（$CaSO_4$）的作用。

Ca（钙）有助于水稻组织的硬化和食味的提升。如果说硫酸根（SO_4^{2-}）在稻体内参与氮的蛋白合成，是不可缺少的肥料元素，那么施硫酸钙就成了不可缺少的施肥作业。在抽穗前 30 天每亩使用 10~14 kg 硫酸钙，作为穗肥趁叶色临时变淡时撒上。

如果希望提高深层追肥水稻大米的口感，就要施过磷酸钙。

（5）不进行深层追肥的穗肥施法

就像人晚饭应该吃好一样，作为穗肥，每亩稻田应该分两次施入 6.7~8 kg 尿素。

两次施尿素的时间分别是抽穗前 20 天和 13 天，这是完全按照 V 字理论的做法。如果抽穗期预估不准确，则会造成大的失败。所谓抽穗期就是全田稻穗抽出 80% 的时候，抽穗前 20 天是倒 2 叶展开前。但是年度之间会有差异，有的年份稀植水稻多出一张叶片，有的年份会相差 3~4 天。

因此，"黄金胜"品种在兵库县施穗肥就要适当推迟，以 9 月 3 日为好。如果抽穗前 25 天施肥就容易出问题。幼穗形成期施穗肥会使剑叶过度伸长，出现不正常的生育。

如果第一次施穗肥时期刚好是抽穗前 20 天，那么稻穗的二次枝梗会有少许退化，但剑叶的姿态是直立的。如果穗肥量少，那么剑叶的叶片厚度就会不足，剑叶会横躺下来。剑叶的直立是二次枝梗谷粒灌浆充实的必要条件，如果稻田里看上去全是稻穗，就意味着穗肥不足。在施尿素前，要轻搁田至田面出现细裂缝，提高土壤的纵向渗透性。尿素需要溶解在水里后往下渗透，和深层追肥一样，其肥效会缓慢而长久地发挥出来。

粒肥在南方温暖地区操作很麻烦，原则上是不施的。成熟前应注意田间补水。

（6）钾肥施一点点就好

钾肥是天然供给量非常多的肥料要素，因此需要人工施入的钾肥量很少。由于联合收割机收割的秸秆还田，钾肥最近有过剩的倾向。钾肥极易溶于水，易被土壤吸附。但作为土壤中各类盐基的代表，最近钾肥好像被当成了有害物质。使用高级复合肥的水稻之所以叶片呈现不出清亮的绿色，就是由于钾肥过剩。

调节肥和钾肥同时施用，水稻的叶色反而会发黑。使用磷钾复合肥的人得出的也是同样的结果。对氮钾复合肥能否用作穗肥，目前还存在很多的疑问。

为了成熟期水稻漂亮的熟相，如果想施钾肥，则请尽量少施一点。

4.5　水管理

对水稻来讲，水是最理想的肥料。水是硅肥和钾肥的供给源，田间建立水层、水浸透到土壤里，都有很大的作用。水田无肥料栽培，只要灌足水，就能从水中获得 240~280 kg 糙米亩产量所需的肥料成分，因为水有分解土壤中肥料成分的能力。

稻田上水建立水层能防止连作障碍。在文章的开头已提到过，基本不建水层的直播稻田里厌气菌是难以生存的。

至于水的管理，烤田要轻，一定要避免根部环境剧变。施肥前一定要先上水，防止出现根部浓度障碍。小麦等茬口的水稻田会冒沼气，要注意加强水管理，这是个常识。

稀植的健壮水稻，具有粗壮发达的根系，能适应长期保持水层的土壤强还原状态，不用担心烂根，即便连续施用硫铵也不会有问题。

4.6　病虫害对策

人工插秧稀植水稻的最大弱点就是飞虱类害虫的危害，尤其是黑尾叶蝉和灰飞虱，防治时必须多加小心。由于稀植水稻的基本苗数比机械密植水稻要少很多，危害时损失大，很容易超过10%。我们采取推迟插秧、培育短龄小苗、初期抑制生长等消极防御措施，是因为想要尽量不使用农药。

我曾试种过对条纹枯叶病免疫的品种，如 St.No1 系等。但目前看来，还是用"黄金胜"品种更好些，尽管它在抵抗条纹枯叶病方面并不理想。如果将来条纹枯叶病实在解决不了，再用"峰丰（中国 46 号）""玉系 44"等 St.No1 系列品种来替代。

只要稀植，其他病害便都无缘相会。

5　今后的目标是省本节工

人工插秧稀植水稻是非常省力的。机插秧在插秧结束后还要清洗机器和秧盘，承担借款和机器折旧等费用，整整一年中都有得忙；而人工插秧结束以后，就只要把手脚洗干净就行了。每亩0.6 万穴的密度，插秧速度是非常快的。拔好的秧苗光是栽插，一人一天可以插 3 亩。

但无论人工插秧稀植是多么省力，结果是多么好，哪怕能获得糙米超过 467 kg 的亩产量，恐怕现代人也不会喜欢这样弯着腰的传统古典劳作方式。就像坐过车的人就不愿步行一样，一旦尝试过机插秧就再也不会有人接受人工插秧了。也就是因为这个原因，人工稀植看上去只是一些对此感兴趣的农户或是比较怪癖的人仍然使用的技术，实际上绝非如此。文中已经反复提到，此技术可以延伸用于机械稀植栽培。改造一下机械，每亩花费 2 700 日元的肥料钱，挑战一下是否能够把每亩糙米产量提高到 466 kg 以上。"只要有了茎蘖数就能保证产量"的时代已经过去了。

可能有人会批评因为我不赞成有机农业，所以喜好硫铵肥料。我也不是说硫铵是万能的，不一定要单用硫铵，也可以和鸡粪混合，这有很多方法。虽说硫铵是一定要用的，但也不会一味地滥用到硫铵亡国论复活。

执笔　井原丰（兵库县太子町农户）

写于 1982 年

附1：经营概况

环境条件：位于濑户内平原中央地带，夏天由于濑户内海水气调节，昼夜温差小；冬天温暖，中等土壤排水渗透性好；耕盘层黏土质，是可以进行一年两作的地区。

耕种面积：水稻 12 亩，水田改种其他作物 3 亩。

品种：以"黄金胜"为主，"越光"为辅。

耕作期：5 月 15 日播种，6 月 27 日插秧（手工），11 月上旬收获。

产量：糙米 466~500 kg/ 亩。

劳动力：本人夫妇及长子，共 3 人。

经营内容：水稻、小麦、春马铃薯。

特色：全家都是公司职员，是典型的非农业收入为主的兼业农户，本人承担了全部农业劳动量的 90% 以上。

附2：栽培方法

品种：黄金胜

6月26日移栽，6 000穴/亩（36 cm× 30 cm），成苗每穴1苗

基肥：硫铵10 kg/亩全层施肥

追肥：出穗前45天，硫铵6.7 kg/亩；

出穗前30~35天，（过磷酸钙 10 kg+氯化钾2 kg）/亩

穗肥：出穗前20天，尿素4 kg/亩；

出穗前13天，尿素3.3 kg/亩

△ 单株稀植栽培水稻的长相
收割前1个月（10月4日摄），水稻
下部叶片枯叶很少，不用担心倒伏

◁抽穗前25~30天，叶片挺立、
茎秆粗壮（8月20日摄）

单株稀植水稻的成穗▷
收割1个月前（10月4
日摄），每穴29穗，大
穗出色，后生分蘖也能
长成大穗

2

第二部分

稀植栽培改善稻米品质

＞＞＞＞＞＞＞

△ 日本稻米主产区（秋田县，7月）

稀植减轻夏季高温对稻米品质的影响

1 垩白粒的发生与现有对策的局限性

垩白粒，是指米粒内出现白浊的未成熟粒。近年来垩白粒的发生已成为一个问题。根据白浊发生的位置，垩白粒可以分为乳白粒、心白粒、背白粒、腹白粒等。1999 年前后开始，京都府丹后地区的"越光"出现了以乳白为主的垩白粒，导致水稻品质下降的问题。垩白粒的发生有很多原因，但在丹后地区最主要的原因是灌浆结实期，特别是抽穗后 10~20 天前后的气温过高以及伴随着春天气温的上升，水稻初期生育旺盛、每亩粒数过多等。

防止出现垩白粒最有效的手段是将品种更换为高温期灌浆结实性能好的优良品种。但是，丹后地区的"越光"，在日本谷物鉴定协会主办的全国食味等级评比中，获得了 2007—2008 年度最高等级"特 A"评价，是当年西日本地区"越光"中的唯一。在市场评价很高的情况下，用其他品种来替代"越光"难度很大。

作为"越光"减轻夏季高温危害的对策，京都府将插秧时间由 5 月上旬延迟至 5 月中下旬，奖励避开抽穗后灌浆结实期间高温的晚栽。晚栽改善品质的效果，有些年在很多地区得到了认可，但有的地区因为水利关系无法晚栽，也有的年份晚夏出现高温，晚栽垩白粒反而比早栽的要多。

2 作为高温对策的稀植栽培引人注目

应对夏季高温，除替换品种和晚栽之外，减少栽插穴数的稀植栽培作为防治"越光"品质下降的技术而引人注目。稀植栽培能改善水稻光照条件，有利于灌浆结实和增强抗病虫害的能力。稀植不仅能合理地调整粒数，提高品质，而且因为栽插穴数的减少，能削减育苗秧盘用量、秧苗搬运劳力、育苗管理费用进而降低育苗成本。

所谓稀植栽培，就是栽插密度比通常的每亩1.33万穴低的栽培方法。一般是通过加大株距调整密度，但间隔多少才算稀植栽培还难以界定。这里将株距定为30 cm以上，大概是通常栽插穴数的一半以下，即以每亩0.67万穴的栽插密度定义为稀植栽培。

像这样株距在30 cm以上的稀植栽培，现有的插秧机使用起来还比较麻烦，但已有专门用于稀植栽培的插秧机销售，实用化成为可能。

现将这种稀植栽培技术用于"越光"，并对其伤流速度、叶色等与产量品质的关系以及灌浆结实期高温的影响进行探讨。

3 稀植程度与产量的关系

稀植栽培最让人担心的就是产量会不会下降。在此，对稀植程度与产量的关系进行探讨。

2003年的5月16日，在京都府丹后农业研究所的水田内，将小苗按每亩1.23万穴的栽插密度（行距30 cm×株距18 cm，以下称常规区）机械插秧后，通过整穴除去方法间苗，分别调整栽插密度为原来每亩1.23万穴的1/2（0.62万穴/亩，行距30 cm×株距36 cm），1/3（0.42万穴/亩，行距30 cm×株距54 cm），1/4（0.31万穴/亩，行距60 cm×株距36 cm）3个处理区（各处理重复3次），调查其减产率（大桥等，2004）。

结果显示，密度为常规1/2的处理，看不出其产量下降，密度为常规 1/3 的大约减产 10%, 密度为常规 1/4 的大约减产 20%（见图 1）。栽插密度在常规密度 1/3 以下的处理，每穗粒数的增加弥补不了每亩穗数的减少，因此不能确保每亩必要的总粒数，造成减产。而密度为常规 1/2 即每亩 0.62 万穴的稀植栽培处理，是完全能够确保产量的。

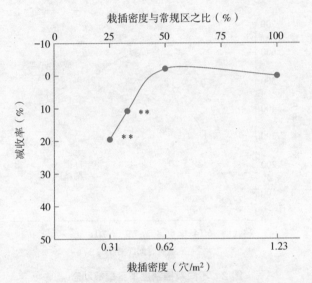

图 1　栽插密度与减收率的关系（2003 年）

注：** 表示与常规区（1.23 万穴/亩）相比有 1% 的显著性差异。

4　稀植栽培的生育及品质特点

2002 年和 2003 年，在丹后农业研究所内水田对稀植栽培（行距 30 cm × 株距 32 cm，以下称稀植区）和标准栽培（行距 30 cm × 株距 16 cm，以下称标准区）进行了比较（大桥等，2004）。移栽日期为 2002 年 5 月 10 日、2003 年 5 月 9 日，插秧机插秧，各处理重复 3 次。

4.1　茎蘖数的动态变化

稀植栽培与标准栽培相比，每亩茎蘖数增长缓慢，最高分蘖期每亩茎蘖数只有标准栽培的80%左右，但是有效茎的比率为76%，比标准栽培的66%高出10%，无效分蘖的发生得到了抑制（见图2）。

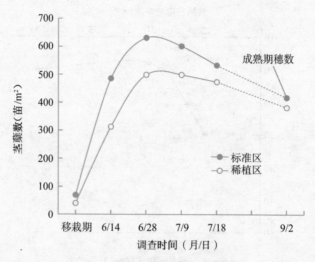

图2　不同栽插密度下茎蘖数动态

注：2002年5月10日小苗机插，每穴栽3.5苗，标准区20.8穴/m²（30 cm×16 cm），稀植区10.4穴/m²（30 cm×32 cm）。

4.2　叶色的变化

全生育期稀植栽培的叶色稍浓于标准栽培。在抽穗后6天（8月13日）及26天（9月2日），分别对同一主茎的上部4张叶片（剑叶为第一叶）的叶色，用叶绿素计（美能达公司的SPAD-502）进行了测定。

结果显示，不论哪个时期，稀植栽培的SPAD值都具有比标准栽培高的趋势，特别是抽穗后 6 天的展开叶从上向下第 2 叶、第 3 叶,抽穗后 26 天从上向下的第 3 叶,它们的 SPAD 值都很高(见图 3)。不论哪个时期，属于下部叶片位置的从上向下第 3 叶的叶色，稀植栽培保持较高的趋势。这种状况表明灌浆结实期稀植栽培的下部枯黄叶片较少。

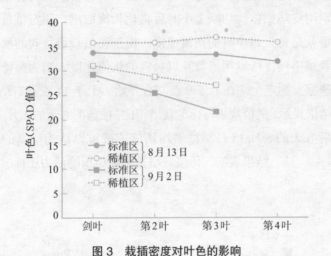

图 3　栽插密度对叶色的影响

注：① 2003 年 5 月 9 日小苗机插，每穴栽 3.1 苗，标准区 20.8 穴/m² (30 cm×16 cm) ，稀植区 10.4 穴/m² (30 cm×32 cm) 。

　② *表示对标准区有 10% 的显著性差异。

　③ 第 4 叶 8 月 13 日的测定数字不包括枯叶；9 月 2 日因枯叶过多，没有测定。

4.3　伤流速度与根的发达

为了评价稀植栽培的根的生理活性，对伤流速度进行了调查。伤流是由根呼吸能产生的水势斜度形成的根压，能使根主动从土中吸水（阿部、森田，2004 ）。伤流速度就是测定单位时间内的伤流量，它被认为是根的呼吸活性以及依赖其生存的生理活性指标（森田，1998；森田、阿部，1999b ）。

2003 年，在抽穗前 6 天（8 月 1 日）、抽穗后 6 天（8 月 13 日）、抽穗后 26 天（9 月 2 日）分别进行了 3 次伤流速度的测定。测定方法以森田、阿部（1999a）的方法为基准，具体的测定方法如下所述。

事先确定长势均衡的穴，调查其穗数（茎数），水稻根部用麻绳轻轻捆住，在距地面 10 cm 处用锋利的镰刀一气割断。将事先已经测定过重量的化妆棉放在上面并蒙上保鲜膜，为防止伤流蒸发，用皮筋捆住。切断 1 小时后将化妆棉取出，测定重量，其增加量就是每穴每小时的伤流速度。由于稀植栽培每穴的穗数与标准栽培不同，所以用穗数除以每穴的伤流速度，则为每穗平均伤流速度。测定全部在上午 9 点左右开始，上午 11 点左右结束。

结果显示，稀植栽培与标准栽培相比，抽穗前 6 天的 8 月 1 日、抽穗后 6 天的 8 月 13 日每穗平均伤流速度可以认为呈高的趋势（见图 4）。这一结果表明，稀植栽培抽穗前后根的活力比标准栽培的高。

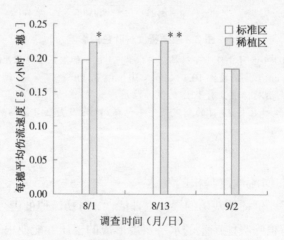

图 4　栽插密度对伤流速度的影响

注：① 2003 年 5 月 9 日小苗机插，每穴栽 3.1 苗，标准区 20.8 穴/m²（30 cm × 16 cm），稀植区 10.4 穴/m²（30 cm × 32 cm）。

② * 及 ** 表示对标准区有 10% 及 1% 的显著性差异。

　　另外，从上向下数第3~4叶的下叶的叶色，稀植栽培有较深的趋势，所以根的生理活性可能与下叶的叶色、氮含有率、光合成速度有着密切的关系。有关这一点，已有乳苗移植比小苗移植下部叶片枯黄进程慢，根的生理活性高的研究结果（阿部等，2003）。此结果与另一研究的结果反映着同样的趋势，即整穴除去方法间苗的稀植栽培与常规栽培相比，灌浆结实期的伤流速度与叶色都维持较高的水平（大桥，2000）。今后有必要进一步研讨这些研究结果之间的关系。

　　另外，成熟期挖取稻株根系观察，发现稀植栽培的稻株根系发育良好（见图5）。

图5　成熟期根的状态

注：图左为稀植区稻株，图右为标准区稻株。

4.4　产量、品质与产量穗粒结构

　　精糙米重（粒厚1.85 mm以上的糙米），标准栽培与稀植栽培看不出差异（见表1）。稀植栽培与标准栽培相比，虽然每亩穗数稍少些，但由于每穗粒数增多，每亩总粒数并没有差异。结实

率和千粒重，稀植栽培与标准栽培也没有差异。在近畿农政局消费安全部的协助下，通过目测将糙米的外观品质分为9级（其中，1~6级属一等米，7~8级属二等米，9级属三等米）。结果显示，稀植栽培的糙米外观品质平均为6.2级（一等），标准栽培平均为7.2级（二等）。稀植栽培外观品质良好的趋势得到了肯定。另外，食味推算值以及与食味密切相关的粗蛋白质含有率，标准栽培与稀植栽培也没有太大差异。

表1　稀植栽培对产量及穗粒结构的影响（2002—2003年）

试验区		精糙米重（kg/0.15亩）	精糙米重与标准区之比（%）	穗数（穗/m²）	粒数（粒/穗）	谷粒数（粒/m²）	结实率（%）	千粒重（g）	外观品质（1~9）	粗蛋白质含量（%）	食味推算值（SHON值）
标准区		51.6	（100）	403	75.3	30 171	81.9	21.1	7.2	6.24	75.2
稀植区		52.2	101	344	94.4	32 189	77.6	21.1	6.2	6.44	76.0
分散分析	年度	ns		*	**	ns	ns	**	ns	ns	**
	栽插密度	ns		*	**	ns	ns	ns	*	ns	ns
	相互作用	ns		ns	ns	ns	ns	ns	ns	ns	ns

注：① 标准区为1.39万穴/亩，行距30 cm×株距16 cm；稀植区为0.69万穴/亩，行距32 cm×株距30 cm。

② 精糙米重及千粒重均是粒厚1.85 mm以上的糙米粒秤重，并按水分14.5%换算。

③ 关于外观品质，在近畿农政局消费安全部的协助下，通过目测将粒厚1.85 mm以上的糙米分类为1~9级，其中1~6级属一等米，7~8级属二等米，9级属三等米。外观品质使用Kett公司生产的谷粒判别器RN-310分类，用粒数比例来表示。

④ 粗蛋白质含有率以及食味推算值，使用NIRECO公司生产的近红外线分析仪测定，测定样本白米中精整米比例为90%。

⑤ 分散分析实施年度2水准，栽插密度2水准的二元配置分散分析，*以及**表示1%及5%显著差异，ns表示差异不显著。

由此可见，由于稀植栽培下部枯黄叶较少，根的生理活性保持较高水平，可以认为稀植栽培在确保与标准栽培同等产量的同时，还能提高糙米的外观品质。

5　稀植栽培对灌浆结实期高温的反应

为了确保高温条件下也有稳定的品质，将稀植栽培与穗肥的施用时期组配起来，灌浆结实期间实行人为辅助高温处理，探讨高温对产量、外观品质以及食味所造成的影响（大桥等，2006）。

2005 年 5 月 25 日，在丹后农业研究所内水田用插秧机插小苗，并设立了标准区（1.39 万穴/亩，行距 30 cm× 株距 16 cm）和稀植区（0.69 万穴/亩，行距 32 cm× 株距 30 cm）。在各个区内，于抽穗前 21 天（7 月 15 日，以下称 –20 区），前 11 天（7 月 25 号，以下称 –10 区），抽穗期（8 月 5 日，以下称 0 区）施用了含纯氮 1.6 kg/ 亩的穗肥。灌浆结实初、中期进行高温处理，从抽穗后第 7 天（8 月 12 号）到第 19 天（8 月 24 日）共计 13 天内，田间设立了宽 4 m、高 2.5 m 的大棚，用塑料薄膜覆盖至距地面 60 cm 处（见图 6）。在大棚内外，用自动记录温度计连续测定穗的高度位置处以及田面中水的温度。在处理期间，大棚内穗的高度位置处日最高温度上升了 5 ℃，但日最低气温大棚内外没有变化。田面中水的温度，大棚内外没有差别。各处理重复 3 次。

5.1　产量、产量穗粒结构

由于受高温影响，无论是栽插密度还是穗肥施用时期，各处理的结实率、千粒重都有所下降，精糙米产量减少（见表 2）。稀植区与标准区相比穗数少了，但每穗粒数多了，精糙米产量差异不显著。另外，谷草比稀植区比标准区高，可以认为稀植栽培谷粒生产效率较高。

图6　田间高温处理试验

受穗肥施用时间的影响，0区的产量比 –20区和 –10区
要低。另外，0区的谷草比要比其他区低，谷粒的生产效率
差，倒伏程度也轻。至于产量以及产量穗粒结构，并没有看到
受高温处理和栽插密度以及穗肥施用时期之间相互交叉作用的
影响。

5.2　糙米外观品质及食味的相关特性

糙米的外观品质因高温处理而明显地下降（见表2）。这次的
高温处理，日最低气温与水温没有变化，但日最高气温上升，因
此可以认为糙米外观品质的降低，受最高气温上升的影响较大。
另外，由于高温处理与栽插密度之间有交叉作用，在高温条件下，
稀植栽培有减轻外观品质降低程度的倾向（见图7）。

表2 高温处理、栽插密度及穗肥施用时期对产量、穗粒结构、糙米外观品质及食味有关性状的影响（2005 年）

高温处理	栽插密度	穗肥时期	精糙米重（kg/0.15亩）	粒数（粒/穗）	结实率（%）	千粒重（g）	穗数（穗/m²）	谷粒数（粒/m²）	倒草比	倒伏程度（0~5）	外观品质（1~9）	食味推算值（SHON值）	白米中粗蛋白质含量（%）
常温	标植	-20	54.7	80.5	82.7	21.9	389	31 291	1.06	2.7	5.3	79.0	6.67
		-10	56.8	78.3	84.7	22.3	383	29 920	1.07	2.3	5.7	76.1	7.24
		0	46.3	68.7	84.6	21.8	375	25 767	0.85	1.0	4.7	77.5	7.54
	稀植	-20	52.5	92.9	79.5	21.6	325	30 005	1.10	3.0	6.0	78.2	6.40
		-10	55.1	87.9	83.4	22.0	337	29 594	1.19	3.0	6.0	76.7	6.90
		0	50.8	86.7	87.6	21.5	298	25 610	0.96	1.0	5.0	77.5	7.33
高温	标植	-20	49.2	78.7	79.0	21.5	370	29 002	1.02	3.0	7.3	72.3	7.01
		-10	51.7	81.0	77.8	21.9	378	30 564	1.04	2.7	7.7	70.6	7.17
		0	47.2	73.6	83.6	21.4	375	27 272	0.87	1.3	6.3	71.8	7.83
	稀植	-20	51.0	92.9	88.8	21.5	305	28 321	1.10	2.3	7.0	71.7	6.85
		-10	51.0	91.5	76.4	21.8	321	29 269	1.12	2.7	7.3	68.7	7.08
		0	48.1	87.3	84.1	21.3	302	26 300	0.95	1.0	5.7	72.6	7.61
分散 分析	高温处理（A）		**	ns	**	**	ns	**	ns	ns	**	**	**
	栽插密度（B）		ns	**	ns	ns	**	**	**	ns	ns	ns	**
	穗肥时期（C）		**	*	**	ns	ns	**	**	**	**	*	**
相互 作用	A×B		ns	ns	ns	ns	ns	ns	ns	ns	ns	ns	ns
	A×C		ns	ns	ns	ns	ns	ns	ns	ns	*	ns	ns
	B×C		ns	ns	ns	ns	ns	ns	ns	ns	ns	ns	ns
	A×B×C		ns	ns	ns	ns	ns	ns	ns	ns	ns	ns	ns

注：

① 穗肥施用时期，-20 是指抽穗前 21 天，-10 是指抽穗前 11 天，0 是指抽穗期。

② 精糙米重以及千粒重是指对粒厚 1.85 mm 以上的糙米以水分 14.5% 换算后得到的数值。

③ 在成熟期的田间，在近畿农政局调查部安全部的协助下，通过目测将粒厚 1.85 mm 以上的糙米分为 1～9 级，其中 1～6 级属一等米，7～8 级属二等米，9 级属三等米。

④ 外观品质，倒伏程度是指 0（无）～5（严重）6 个等级来评定。

⑤ 粗蛋白质含有率以及食味推算值，使用 NIRECO 公司生产的近红外线分析仪测定。经测定，样本白米中精整米比例为 90%。

⑥ 显著性测定分析实施温度处理 2 水准，栽插密度 2 水准以及穗肥施用时期 3 水准的多元配置显著性测定分析方法，** 以及 * 表示 1% 以及 5% 显著性差异，ns 表示差异不显著。

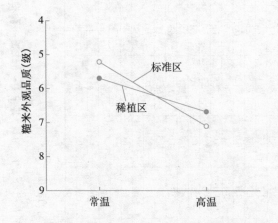

图7　高温处理对糙米外观品质的影响（2005 年）

注：糙米外观品质分为 1（良）~9（劣）级。

　　对即将进行高温处理（8 月 12 日）的水稻各器官干物重进行调查发现，稀植区的每穗平均茎叶（叶、秆）干物重有偏高的趋势（见表 3）。从这些情况来看，稀植栽培在灌浆结实初期已经蓄积了相当的储藏养分，再加上根系较高的生理活性，即使在灌浆结实期高温等不良环境条件下，也能向穗供给养分，从而减轻高温对外观品质的影响。不过有关这些，包括茎叶中储藏养分的动态等，是今后需要进一步探讨的。

　　另外，在穗肥 0 施用区，即使是在高温条件下，乳白粒的发生趋势也不高，但白米中粗蛋白质含有率有所上升（见表 2）。

　　由上述情况可以得知，由于灌浆结实初、中期日最高气温的上升，使糙米的外观品质明显下降，但稀植栽培有可能减轻高温对糙米外观品质影响的程度。此外，抽穗期的穗肥施用，使乳白粒的出现得到了抑制，但是粗蛋白质含量则有上升的趋势。从生产食味良好的优质米的要求来看，有必要进一步探讨。

表3　高温处理前各器官的干物重

栽插密度	穗肥时间	干物重（g/ 穗）				
		穗	叶	秆	枯叶	总计
标准区	-20	0.39	0.47	1.38	0.11	2.35
	-10	0.44	0.49	1.52	0.07	2.52
	0	0.37	0.48	1.42	0.11	2.38
稀植区	-20	0.46	0.54	1.56	0.08	2.63
	-10	0.49	0.54	1.52	0.08	2.63
	0	0.37	0.58	1.63	0.09	2.67
分散分析	栽插密度	ns	**	*	ns	**
	穗肥时期	*	ns	ns	ns	ns
	相互作用	ns	ns	ns	ns	ns

注：① 穗肥施用时间，-20 是指抽穗前 21 天，-10 是指抽穗前 11 天，0 是指抽穗期。

② 调查是在 2005 年 8 月 12 日（抽穗期是 8 月 5 日）进行的。

③ 显著性测定分析采用栽插密度 2 水准、穗肥施用时间 3 水准的二元配置显著性测定分析方法。** 及 * 表示 1% 以及 5% 显著性差异，ns 表示差异不显著。

6　研究成果

稀植栽培作为减轻夏季高温对"越光"品质影响的技术，通过探讨明确了以下几点：

① 栽插密度为 0.67 万穴/亩（常规栽培密度的 1/2）程度的稀植栽培，虽然每亩穗数变少，但由于每穗粒数的增加，每亩的总粒数能确保与常规栽培相同，并没有看到产量下降。只是，海拔高的地区和地力差的土壤，不能确保在生长期间充分的分蘖，需要注意因穗数不足而导致产量降低的可能性。

② 稀植栽培每亩茎蘗数增加缓慢，虽然最高茎蘗数不高，但有效茎的比率变高，能够控制无效分蘗发生。

③ 由于稀植，整个灌浆结实期的叶片，特别是植株下部的叶片褪色缓慢，叶片的生理活性能维持在较高的水平。而且，从抽穗期开始到灌浆结实中期的每穗平均伤流速度高，根的活力能够得到很好的维持。

④ 稀植栽培灌浆结实初期的茎秆与叶片的干物重高，储藏养分的蓄积多。

⑤ 稀植栽培能够减轻灌浆结实期高温对糙米外观品质的影响。其主要原因是稀植栽培维持了叶和根的生理活性以及茎秆和叶片储藏养分的蓄积。

执笔　大桥善之（京都府农林水产技术中心

农林分中心丹后农业研究所）

写于 2009 年

参考文献

[1] 阿部淳，折谷隆志，森田茂纪，荻沢芳和：《水稻乳苗移植栽培本田的根茎形成——栃木县农户水田的调查事例》，《农及园》，2003（78），64—70。

[2] 阿部淳，森田茂纪：《根的形态及机能学生实验课题——根长及根域温度对伤流速度的影响》，《根的研究》，2004（13），61—65。

[3] 森田茂纪：《农户水田栽培水稻生育过程中的伤流速度动态及其日变化》，《日作纪》，1998（67）（别2），50—51。

[4] 森田茂纪，阿部淳：《伤流速度的测定、评价方法》，《根的研究》，1999a（8），117—119。

[5] 森田茂纪，阿部淳：《农户水田栽培水稻出穗后的伤流速

度》,《日作纪》, 1999b（68）（别 2）, 168—169。

[6] 大桥善之:《水稻抽条稀植栽培对产量及大米粗蛋白质含量的影响》,《近畿作育研究》, 2000（45）, 1—4。

[7] 大桥善之, 今井久远:《京都丹后地域"越光"水稻稀植栽培对产量、品质的影响》,《日作纪》, 2004（73）（别 1）, 26—27。

[8] 大桥善之:《植物根的若干问题（135）——水稻稀植栽培的伤流速度及其与产量、品质的关系》,《农及园》, 2004（79）, 1113—1117。

[9] 大桥善之, 大嶋优, 吉冈善晴:《"越光"水稻稀植栽培的穗肥施用时期和灌浆结实期高温对糙米外观品质的影响》,《日作纪》, 2006（75）（别 1）, 230—231。

稀植水稻的物质生产及产量、品质

　　气候变暖对各方面造成了影响，其对水稻生育的提前、品质下降等生产方面的影响也多被提出，特别是对糙米品质的影响显著。为了提高糙米品质，实施以晚栽为中心的高温回避对策，取得了一定的改善品质的效果（山口等，2004）。另外，降低机插小苗育苗播种量，提升秧苗质量，削减每穴栽插苗数，并逐步减少大田施肥量及推广基肥全量侧行施肥法等措施，改善了幼穗分化期以后"越光"的株型，减轻了倒伏（井上、汤浅，2001）。但是温暖化带来的水稻生育初期分蘖增加太快，中期生育停滞，后半期生育凋落等新的课题又产生了。这里，以实用水平的稀植栽培为重点，对水稻的物质生产，以生育中后期为主进行了调查、解析，并以此为基础，从水稻生育与产量、品质稳定性关系的观点出发，对稀植栽培水稻作一番讨论。

　　本稿由 1996—1999 年 4 年间福井县农业试验场（细粒强潜育土）早熟品种"花越前"、中熟品种"越光"栽插密度的试验结果资料整理而成。试验采用的标准区密度是 1.4 万穴/亩，行距 27 cm × 株距 18 cm；稀植区密度是 0.73 万穴/亩（稀1区）、0.93 万穴/亩~1.06 万穴/亩（稀2区）；与之对照的密植区是

1.87万穴/亩~2.06万穴/亩。各处理下每穴栽3苗，小苗手插。施肥量各密度处理相同，"越光"为氮素成分4 kg/亩，"花越前"为6 kg/亩。详细研究内容请参照本文后参考文献（井上等，2004）。

1 栽插密度与干物质生产的关系

1.1 干物重与叶面积系数

栽插密度低的处理，水稻营养生长期（到幼穗形成期为止）间的干物质生产量明显减少。"越光"的幼穗形成期干物重，稀1区比标准区减少20%~33%，稀2区比标准区减少2%~13%。遇到初期生育停滞的年度差异更加显著，虽密植区与标准区相比，大体相等（−1%~+18%），但稀植与密植差异明显。齐穗期的干物质生产与幼穗形成期差异倾向不变。但是齐穗期与幼穗形成期相比干物质生产的增加量，稀植区相对较多，故栽插密度之间的干物重差有所缩小。到灌浆结实期同样如此，干物重增加量稀1区比标准区大，稀2区、密植区、标准区大体相同（见表1）。

表1 不同时期干物重与叶面积系数的比较（1996—1999年平均）

品种	处理区	年数	幼穗形成期		齐穗期		结实中期		成熟期	
			DW	LAI	DW	LAI	DW	LAI	DW	LAI
越光	稀植1	3	（74）	（76）	（90）	（83）	（89）	（87）	（94）	（91）
	稀植2	3	（91）	（94）	（96）	（94）	（98）	（98）	（98）	（91）
	标准	4	383（100）	3.1（100）	901（100）	4.3（100）	1167（100）	3.0（100）	1 365（100）	1.4（100）
	密植	3	（107）	（107）	（103）	（105）	（102）	（105）	（100）	（100）
花越前	稀植2	3	（83）▲	（86）▲	（95）	（98）	（100）	（103）	（100）	（100）
	标准	4	323（100）▲	3.1（100）▲	883（100）	4.7（100）	1 167（100）	3.8（100）	1 332（100）	1.5（100）
	密植	3	（110）	（113）	（102）	（102）	（103）	（106）	（100）	（115）

注：①标准区是4年平均实际数，其他处理均为试验年与标准区之比的平均值。
②▲为该资料试验年缺1年。
③DW（g/m²）为干物重，LAI为叶面积系数。

　　"花越前"的稀2区与"越光"同样，幼穗形成期的干物重比标准区明显小（-7%~25%）。但幼穗形成期到灌浆结实前半期的干物质增加速度快，灌浆结实中期、成熟期干物重已大体与标准区不相上下，密植区则与标准区同等或稍高一些（见表1）。

　　稀植处理，在幼穗形成期叶片干物重占全株总干物重的比率稍高，在灌浆结实期间穗的干物重占全株总干物重的比率较高；叶面积系数（LAI）在幼穗形成期前与干物重相比的比率较高，但在灌浆结实期间与干物重相比的比率却看不出有何倾向（见表1）。稀植处理的叶面积比（叶面积/叶片重）多数时间较小，叶片相对较厚些。

1.2　干物重增加的速度

　　一般情况下，如果某时间段生育量相对较小，而后时间段的干物重增加量大，干物重增加的速度就快。同样施肥量条件下，日射量多则干物重增加量大，增加的速度就快。幼穗形成期干物重增加的速度，"花越前"品种的稀植处理区高，但"越光"品种各栽插密度处理区之间看不出差异。"越光"品种在灌浆结实前半期的干物重增加速度，稀2区、密植区与标准区的差异不大，稀1区比较小。单粒重的增加速度与干物重增加速度趋势相同。不过"越光"灌浆结实后半期的干物重增加速度和单粒重的增加速度，都是稀1区最大。"花越前"品种则稀2区的干物重增加速度在灌浆结实前半期显著高于标准区，但在灌浆结实后半期则低于标准区；但单粒重的增加速度在灌浆结实前半期稍低，在灌浆结实后半期则稍上升。密植在灌浆结实前半期的干物重增加速度和单粒重增加速度都高，但后半期却明显降低（见表2）。

表2　不同时期干物重增速（CGR）与单粒重增速（GGR）的比较
（1996—1999 年平均）

品种	处理区	年数	幼穗形成期	结实前半期		结实后半期	
			CGR [g/ (m²·日)]	CGR [g/ (m²·日)]	GGR [mg/ (粒·日)]	CGR [g/ (m²·日)]	GGR [mg/ (粒·日)]
越光	稀植1	3	（99）	（89）	（97）	（112）	（108）
	稀植2	3	（99）	（104）	（102）	（95）	（96）
	标准	4	20.4（100）	17.7（100）	0.88（100）	9（100）	0.27（100）
	密植	3	（100）	（99）	（102）	（94）	（94）
花越前	稀植2	3	（109）▲	（116）	（97）	（99）	（101）
	标准	4	19.6（100）▲	19.1（100）	1.04（100）	9.9（100）	0.30（100）
	密植	3	（98）▲	（104）	（101）	（77）	（75）

注：① 标准区是4年平均实际数，其他处理均为试验年与标准区之比的平均值。
② ▲为1997—1999年平均值。

　　此外，"花越前"的干物重增加速度除幼穗形成期间外，均比"越光"快。这是因为"花越前"是早熟品种，灌浆结实较其他品种早，灌浆结实期的气温较高，单位面积的稻谷数比"越光"少，再加上齐穗期的叶片氮素浓度高等原因。稀植区即使干物重增加速度与标准区或密植区相同，可是由于它的灌浆结实期较长，所以在生育后半期的干物质生产量比较大。

　　灌浆结实好的年份，"越光"稀1区的单粒重在灌浆结实初期增加得稍缓慢，但从出穗后20天开始，就已接近标准区，到成熟期各密度处理之间差异已经很小了。与一次枝梗相比，二次枝梗着生的籽粒更慢一些，赶上标准区的天数也要稍长一些（见图1）。稀植区穗数较少但每穗粒数较多，所以二次枝梗上着生籽粒的比重相对也高，初期光合同化产物向二次枝梗籽粒的供给相对要缓慢些，必须维持好稻体的活力，直到灌浆结实后期，确保粒重继续增长。

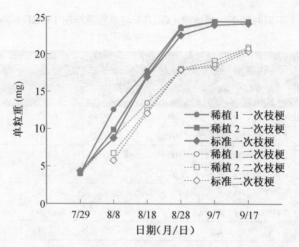

图1　一次枝梗、二次枝梗单粒重增长的动态（1996年，"越光"）

1.3　氮素养分的吸收

叶片氮素浓度在幼穗形成期和齐穗期都是稀植区高，稀1区浓度高得更明显（见图2）。灌浆结实期间随着粒重的提高，各密度区间的叶片氮素浓度差异逐渐变小。"花越前"与"越光"品种比较，在齐穗前"花越前"的叶片氮素浓度比"越光"高，到灌浆结实期，随着养分分流逐渐低于"越光"，这是因为从幼穗形成期到灌浆结实初期，"花越前"的干物质增加速度较快。

"越光"的氮素养分吸收量与干物重一样，也是稀植区较少，随着生育进程逐步与标准区缩小差距。尤其是稀1区，穗肥施用后幼穗形成期氮素吸收量增加，直到灌浆结实后半期。密植区氮素养分的吸收大体与标准区相同（见图2）。"花越前"品种到灌浆结实期各密度处理下氮素养分的吸收差异已不明显。到成熟期，两品种的氮素养分吸收量也没有多大差别，不过，灌浆结实过程中稻体内的氮素养分，应该会与该品种持有的灌浆结实性能有密切关联。

此外，稀植区叶色较浓，不过在正常田间管理条件下，对病虫害的发生并没有什么大的影响。

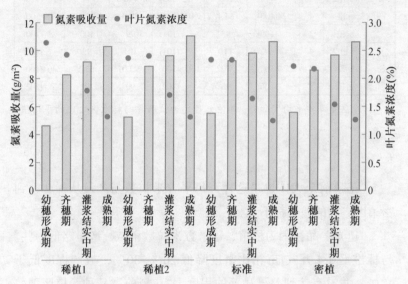

图2　氮素吸收量与叶片氮素浓度的比较（1996—1999年，"越光"）

2　栽插密度与产量、品质的关系

2.1　栽插密度与产量的关系

"越光"品种的稀1区产量是标准区产量的91%~96%，稀2区产量是标准区产量的96%~101%，密植区产量是标准区产量的98%~103%。随密度增加，产量稍有提高；随密度减少，穗数减少，但每穗粒数增加，"越光"的单位面积粒数稀1区是标准区的90%~98%，稀2区是标准区的94%~100%，密植区是标准区的97%~103%。这与产量呈现的趋势差不多。只要不出现比较严重的倒伏，与结实关联的一些要素也相差不大（见表3）。

表3 产量及穗粒结构比较（1996—1999 年平均）

品种	处理区	年数	穗数 （万穗/亩）	粒数 （粒/穗）	粒数 （万粒/亩）	结实率 （%）	千粒重 （g）	精糙米重 （kg/亩）
越光	稀植 1	3	(81)	117	(94)	101	99	(93)
	稀植 2	4	(94)	105	(99)	110	99	(978)
	标准	4	24(100)	84.4	2 033(100)	89.0	22.1	399(100)
	密植	3	(109)	93	(101)	99	100	(100)
花越前	稀植 2	4	(92)	110	(101)	101	99	(102)
	标准	4	27.9(100)	70	1 973(100)	93.0	22.2	404(100)
	密植	3	(106)	96	(102)	99	101	(102)

注：标准区是 4 年平均实际数，其他处理均为试验年与标准区之比的平均值。

"花越前"大体也是这样，每平方米粒数与产量从稀 2 区到密植区之间的差异都不大。

"越光"品种因为稀植，每平方米粒数稍减，产量略低一些。与标准区 1.4 万穴/亩相比密度降低 20%~30%，减产程度低于 10%，并没有达到差异显著的程度。"花越前"品种稀植区穗数的减少得到了每穗粒数增加的补偿，确保了每平方米粒数，稀 2 区产量与标准区产量相等。

2.2 栽插密度与品质的关系

糙米的外观品质在少日照年份或高温年份会受到显著影响。除不完全粒外，"越光"的乳白米，"花越前"的乳白米及背白米、基白米的比率都较高。稀植区的"越光"完全米比率高，乳白米、心白米、背白米、基白米等减少，稀 1 区品质最好。这与稀 1 区少了 5%左右的每平方米粒数和灌浆结实后半期较好的物质生产促进了灌浆结实强度有关。稀 2 区的每平方米粒数与标准区差异很小，稀植提升品质的效果就没有那么明显。密植区每平方米粒数与标准区的差异也不大，但乳白粒发生率高（见表 4）。"花越前"的稀 2 区完全米比率稍高一点，腹白米、背白米、基白米等减少。

糙米氮素浓度各处理间差异不大。食味品评试验各处理间差异也不大，食味评价大体相同（见表 4）。以上结果表明，稀植栽培能够避免过多的粒数，维持灌浆结实期的氮素营养，对稻米品质的提升有一定的效果。

表 4　外观品质与糙米氮素浓度比较（1996—1999 年平均）

品种	处理区	年数	整米（%）	乳白米（%）	心白米（%）	腹白米（%）	背、基白米（%）	糙米氮素浓度（%）	口感评价
越光	稀植1	3	105	72	78	86	60	99	+ 0.10[③]
	稀植2	4	101	90	62	113	87	100	+ 0.13[②]
	标准	4	78.8	10	1.0	2.8	1	1.29	0
	密植	3	96	125	111	81	134	101	+ 0.26[③]
花越前	稀植2	4	102	107	79	89	65	101	− 0.03[③]
	标准	4	82.5	6.0	0.8	3.3	4.1	1.31	0
	密植	3	100	131	90	117	99	99	− 0.08[③]

注：① 标准区是 4 年平均实际数，其他处理均为试验年与标准区之比的平均值。

② 口感评价标准区是 0，其他处理均为试验年与标准区之比的平均值，〇内数字为年份。

2.3　施肥方法与穗肥施用时间的影响

用"花越前"的标准区和稀 2 区做施肥方法试验，处理有重基肥、重穗肥和穗肥施用时间在抽穗前 30 天、抽穗前 20 天等。稀 2 区各施肥处理灌浆结实期的干物重增加速度都比标准区高，齐穗期干物重小，穗肥施用时期迟的处理干物重大。稀 2 区重基肥＋抽穗前 20 天施穗肥的处理产量最高。高产的原因是穗数增加，每平方米粒数增加，稀植后通过重基肥增加了穗数，提升了结实率。不同栽插密度之间的品质差异不大，但稀 2 区有整米率较高的趋势（见图 3）。

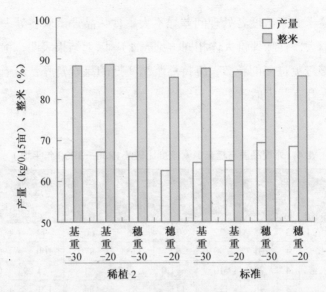

图 3　施肥法与产量、品质的关系（1996 年，"花越前"）

注：① 基重 –30，指基肥重点 + 抽穗前 30 天施穗肥；

　　② 穗重 –20，指穗肥重点 + 抽穗前 20 天施穗肥；

　　③ 其他处理均相同，略。

　　"越光"的稀 2 区灌浆结实期干物重增加缓慢，施肥时期不同的处理，灌浆结实期干物重的差异基本看不出来。另外，穗肥早施的处理（在抽穗前 32 天施的穗肥，标准是抽穗前 20 天施穗肥），倒伏程度加剧，但稀 2 区倒伏略为减轻。各密度处理区的每平方米粒数增加了 7%～9%，千粒重下降 1 g 以上，各试验区产量差异小。稀 2 区、标准区的穗肥早施区产量均提高 2%，密植区因倒伏减产。再有，穗肥早施区乳白米、心白米、腹白米等发生率及糙米氮素浓度稍下降，稀植的穗肥早施区品质最好（见图 4）。

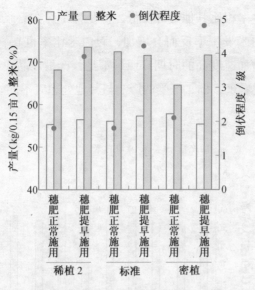

图4　穗肥提早施用的效果（1998年，"越光"）

2.4　灌浆结实期遮光的影响

稀植处理区叶面积系数及粒数减少，在日照不足时品质下降的程度会降低。"越光"在灌浆结实期遮光（尤其是灌浆结实前半期遮光）37%以后，干物重增加速度稍稍下降的同时，因同化产物的流转受影响，还会引起叶重减小、穗重增加缓慢的问题。但是栽插密度低的处理，灌浆结实期遮光对干物重增加速度的影响会变小。遮光影响产量的程度，除了稀1区以外，都是灌浆结实前半期大于后半期。粒数愈多的稻子，遮光的影响愈大。每平方米粒数少的稀1区，即使灌浆结实前半期遮光，减产程度也只有5%，是受影响最小的处理。遇日照不足年份，稀植有利于灌浆结实稳定（见图5）。

遮光对稻米外观品质的影响也是灌浆结实前半期大，整米比率可能下降13%～20%，乳白米、腹白米的发生率分别增加6%～11%和2%～5%。前面说过，稀植处理灌浆结实前半期遮光，乳白米发生率相比其他处理要低，但是稀 1 区在灌浆结实后半期遮光，乳白米发生率反而会增加，腹白米比率也高。如此看来，在单粒重增加速度高的时期日照量不足，产量、品质都会受较大影响。由此看来，稀 1 区受的影响与其他处理区不同。

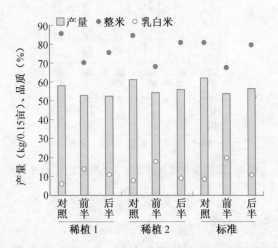

图 5　灌浆结实期遮光与产量、品质的关系（1996 年、1997 年，"越光"）

2.5　品种特性与稀植

"越光"稀 1 区的干物重增加速度在生育初中期相对缓慢，但能稳定维持到灌浆结实后半期。这是由于它较高的叶片氮素浓度，促成了稳定的生育。但是这也带来了每平方米粒数减少的问题，尤其是初期生育不良的年份，会扩大不同栽插密度之间的差异。"越光"的每平方米粒数与幼穗形成期间的氮素吸收量、干物重增加速度之间有很高的正相关关系（汤浅等，1999）。齐穗期的生育量大小能反映出每平方米粒数的多少。再有，比较不同年份间灌浆结实期的干物质生产，可以看出，"越光"对抽穗前蓄积的同化产物依赖的比例较高，所以稀 1 区根据当时的生育状况把穗肥的施用时期稍作提早，对确保粒数起了重要作用。稀2区氮素吸收量基本没受影响，每平方米粒数与标准区没有差异。由此看来，水稻密度低一些，通过栽培管理，取得与标准区相当的粒数是可能的。

"花越前"灌浆结实前半期的物质生产能力较高，这是它在少日照等不良的条件下能够维持较高灌浆结实性能的重要原因（井上等，1995）。"花越前"灌浆结实前半期干物重增加速度比"越光"高，稀2区就是因为充分发挥了它的这一能力而没有比标准区减产（见表2、表3），但是，它的灌浆结实前半期单粒重增加速度并不高，叶片、叶鞘、茎秆里的流转量也不大，如果出现稻体氮素浓度高，全体干物重增加量大，但生育向生殖生长的转换不顺利的情况时，必须考虑如何维持好穗以外部分的生长，直至灌浆结实后半期，逐步地、扎实地增加穗重的方法。

3 稀植技术的实用性

试验中0.93万穴/亩~2万穴/亩密度范围内，各处理的产量差异均不大。此外还可看出，稀植提早施用穗肥，可以显著减轻遮光对产量、品质的影响等。这表明稀植水稻的生育调节潜力很大，应对外界不良条件的生育稳定性也比较高。随着水稻营养生长阶段气候温暖化影响的加大，稀植技术有较高的实用性。但是，为了取得理想的效果，稀植必须考虑品种的物质生产能力，充分掌握品种的生育特征。

为了追求产量稳定和省力，试验选用"越光"和"花越前"两个品种，达到了由标准密度1.4万穴/亩降低20%~30%的稀植目标（见表3、表4）。但是为了要减少乳白粒的发生以提高品质，是否需要进一步降低密度，或是与推迟移栽季节技术组合起来实行适当的晚播、晚栽呢？试验中，"越光"的每平方米粒数除以灌浆结实期日照量的值，与整米比率呈高的负相关关系（见图6），说明稀植能使整米比率高而稳定。

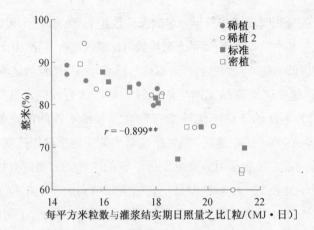

图6 考虑灌浆结实期日照量影响的每平方米粒数与整米的相关性
（1996—1999 年，"越光"）

注：** 表示 1% 的显著差异。

　　"花越前"品种在灌浆结实期遇高温年份，背白、腹白米发生率与氮素营养好坏关系很大，氮素营养差时发生率显著增加。稀植改善氮素营养，作为降低背白、腹白米发生率的手段是很有效的（见表 4）。再有，品质还受土壤条件的影响，地力低下的田块，培育每平方米粒数水平较低的水稻，有利于品质的稳定提高。

　　叶色浓的稀植水稻，灌浆结实期遇干热风会产生不良反应，干扰稀植水稻性能的发挥。另外，扩大根系生长范围并维持好灌浆结实期根系机能和活力也很重要（岩田，1986；井上、山口，2007）。对适应稀植条件的根的形态及维持其机能的相应栽培管理技术，今后必须加强研究。

执笔　井上健一（福井县农业试验场）

写于 2009 年

参考文献

［1］井上健一，佐藤勉，岩田忠寿，酒井究：《低温少日照条件下水稻品种"花越前"的生育、物质生产解析》，《福井农试研报》，1995（32），1—12。

［2］井上健一，汤浅佳织：《水稻品质食味有关要素的稳定性解析研究（第1报）：苗质对"越光"水稻品种的初期生育和产量品质的影响》《福井农试研报》，2001（38），1—10。

［3］井上健一，林恒夫，汤浅佳织，笈田丰彦：《水稻品质食味有关要素的稳定性研究（第2报）：稀植条件对水稻物质生产和产量品质的影响》，《福井农试研报》，2001（41），15—28。

［4］井上健一，山口泰弘：《高温灌浆结实和根系活力、高温障害抗性强的水稻》，《养贤堂》，2007，59—73。

［5］岩田忠寿：《福井县稻作技术现状及产量变动的主要原因》，《北陆农业研究资料》，1986（15），23—38。

［6］山口泰弘，井上健一，汤浅佳织：《高温年份"越光"水稻品种的移栽期对物质生产产量、品质的影响》，《福井农试研报》，2004（41），29—38。

［7］汤浅佳织，井上健一，笈田丰彦：《"越光"水稻品种幼穗形成期到抽穗期的物质生产及产量的关系》，《北陆作报》，1999（34），71—72。

有机肥料为主的稀植栽培

1 为什么稀植栽培要用有机肥料

为了创立安全、安心的水稻栽培技术体系，我们提出了以有机肥为主，确保生产出食味优良、米粒较厚的"越光"水稻，糙米产量达 320~360 kg/ 亩，并能降低生产成本的稀植栽培要求。本文将其与常规栽插密度作比较，探讨以有机肥为主的稀植栽培水稻生育特征及存在问题。

1.1 挖掘稀植水稻的潜能

各地都在提倡水稻稀植栽培，以挖掘出稀植栽培水稻本来就具有的潜在能力（本田，1990）。稀植栽培必须考虑单位面积栽插穴数和每穴栽插苗数，明确穴数和苗数的改变会使水稻植株个体之间的养分供给范围、受光态势的竞争发生变化，再加上对品种、养分、气象、水、土壤等特性的理解，然后准确设定稀植栽培目标，稀植栽培成功的可能性就很高。稀植栽培水稻粗壮强健，耐病抗倒。

近年来，各地的农业试验场做了很多稀植栽培试验，通过出版《稀植栽培指南》等形式发表成果（广岛，2006；奈良，2007）。一些农机厂商开发了适合稀植栽培的插秧机投放市场，官民共同推进。人们普遍反映稀植栽培减少了育苗秧盘的使用量，生产成本、劳动时间等负担减轻，经营的有利性很高。

1.2 为什么选用有机肥料

使用有机肥料的目的是向作物供给养分，期待实现有机肥料肥效缓慢释放，提高农产品品质，改良与保护土壤，减轻连作障害和土壤病害等效果。其实这些效果都必须通过土壤微生物的作用才能体现出来（野口，2001）。

还有，使用有机肥料不仅有利于农田及其周边的环境保护和资源的有效利用，还可以以此向消费者宣传自己在安全、安心农产品生产上是如何努力的。

有机肥料因原料的种类、肥料的组合及其比例与生产工序的差异，品种花色很多。鱼粕、菜籽粕、米糠等是具有代表性的品种，它们的肥料成分含量（包括微量元素）、氮素的无机化率、对土壤及土壤微生物的影响已很清楚，在生产现场已被广泛使用。但是未经腐熟的有机肥料施用时会"烧苗"，必须充分发酵后才能减轻肥料障害，成为合格的有机肥料投放市场。

实际使用有机肥料时，不仅要明确其肥效的大小，肥效需要多久才能显现以及肥效能持续的时间，还要知道如果出现肥料障害应采用什么样的对策才能使有机肥达到理想的施用效果等。

1.3 米的食味和米粒厚度

影响米的食味口感的重要因素之一是糙米的蛋白质含量。糙米的蛋白质含量与品种、种植季节、气象条件、土壤条件、施肥及施肥时期等有关，但也与糙米的整米率和米粒的厚度有关。

一般未成熟粒少、米粒较厚时，糙米蛋白质含量就低（大渊，1990）。筛孔大的筛子整理出来的糙米，品质高、食味好的比较多，但会影响米的产量。设定产量目标时，要考虑这方面的因素，不要勉强设定过高的产量。以米粒厚的优质米生产为目标时，就可以大力向消费者宣传自己的优质大米好吃了。

2　稀植区和常规区的栽培概要

2.1　试验田概况

试验田位于栃木县大田原市北部（旧黑羽町）那珂川河旁，土壤属冲积土，但含石砾较多，平均耕作层 13 cm，透水性良好，用水来自那珂川水系。1989 年完成农田基本建设后，施用磷酸肥料等改良土壤。2005 年前，每年稻草全部运至牧场，春天投入牛粪堆肥 0.667 t/ 亩，主要依赖化肥。2005 年后，停止使用堆肥，改用稻草还田至今。

2.2　栽培方法与施肥设计

稀植区约 2.77 亩，常规区约 3 亩，两区相邻。

常规区育苗秧盘播种量为干籽 200 g（当地一般量），栽插密度约 1.3 万穴/亩，每亩栽插用苗约 14 盘，每穴平均 7 苗（见表 1）。

表 1　播种、移栽概要（品种为"越光"）

播种、移栽的条件	稀植区 1 万穴/亩 行距 30 cm×株距 22 cm			常规区 1.3 万穴/亩 行距 30 cm×株距 17 cm		
	2006 年	2007 年	2008 年	2006 年	2007 年	2008 年
秧盘播种量干籽(g)	80	100	100	200	200	200
每亩秧盘用量（盘）	9	6	10	13	13	15
每亩用种量（kg）	0.7	0.7	1	2.7	2.7	3
每穴移栽数（苗）	2.2	2.1	3.4	6.7	6.6	7.2

稀植区育苗每盘播种量为常规区的 1/2，栽插密度约 1 万穴/亩，每亩栽插用苗 6.7~10 盘，每穴平均 2~3 苗（见表 1）。因此稀植区种子用量只有常规区的 1/4~1/3，育苗秧盘数量只有常规区的 1/2~2/3。

基肥用本公司生产的有机肥 1 型 53.3 kg/ 亩，氮素成分量为

2.1 kg/ 亩。追肥仅穗肥，在抽穗前 20~30 天内施入：2006 年是有机肥 1 型，氮素成分量 0.53 kg/ 亩；2007 年是有机肥 1 型，氮素成分量 0.53 kg/ 亩再加 NK 合成化肥，氮素成分量 0.33 kg/ 亩；2008 年是有机肥 2 型，氮素成分量 1.6 kg/ 亩（见表 2）。

表 2　试验田的氮素施用量

kg/ 亩

肥料区	肥料名	2006 年	2007 年	2008 年
基肥	有机肥 1	2.1	2.1	2.1
追肥（穗肥）	有机肥 1	0.53	0.53	
	NK 复合肥		0.33	
	有机肥			21.6
合　计		2.63	2.96	3.7

注：① 稀植区、常规区施肥相同。
　　② 有机肥 1 含干血、骨粉、鱼粉、油菜籽饼、副产品复合肥（草木灰）。
　　　 保证成分量：全氮 4%，全磷 7%，全钾 4%，C/N 为 6.8。
　　③ 有机肥 2 含植物残渣、米糠、豆腐渣。平均成分量：全氮 3%，全磷
　　　 3.5%，全钾 1.7%，C/N 为 12~14。

3　稀植区与常规区的生育及产量

3.1　茎蘖数的变化

图 1 为 2005—2008 年单位面积茎蘖数的变化。移栽后约 1 个月内，两区茎蘖数增加不明显，1 个月后才有所增加，表明移栽初期向水稻供给的养分不足，这可能是因为有机物还原作用阻碍了养分的供给。常规区先到达最高分蘖期，稀植区迟 7~20 天。最高分蘖期以后茎蘖数的减少常规区是 16%~25%，稀植区则是 5%~10%。稀植最高分蘖期较迟，分蘖成穗率较高，这与以往的研究结果一致。齐穗期常规区是 8 月 11 日，稀植区是 8 月 12 日。

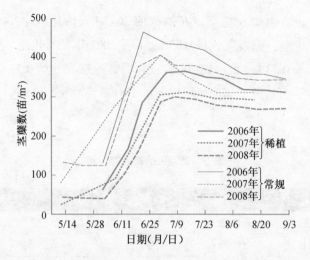

图 1　稀植区、常规区单位面积茎蘖数动态

（福井原图）

　　2008 年每穴平均茎蘖数一直都是常规区较稀植区多，但到最后两区相同，都是每穴平均 18 穗。

3.2　株高、主茎叶片数、叶绿素值的变化

　　图 2 是 2008 年关于株高、主茎叶片数、叶绿素值的研究结果。株高在移栽后 95 天稀植区比常规区高 8.5 cm。主茎叶片数在移栽后 45 天稀植区比常规区多，到抽穗期时稀植区比常规区多出 1 张叶片。叶绿素值在生育全过程都是稀植区比常规区高。稀植区 在移栽后 60 天内叶绿素值都保持着一定的数值，可常规区在移栽 45 天以后，叶绿素值就下降了。

　　由图可看出，稀植区在营养生长期内，茎蘖数始终顺利增长，叶色维持在较浓的状态，体内有充分的养分积蓄，以迎接幼穗形成期的到来。有效茎比率高和叶片数多 1 张这两点表明，稀植的水稻养分利用率高，很可能具有生产同化产物的较高效率。

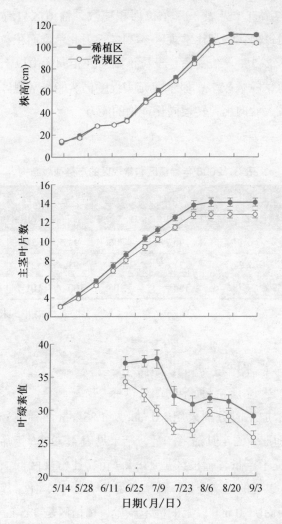

图2　2008年稀植区和常规区主茎叶片数、株高、叶绿素值的变化比较

注：N=20，误差线表示标准误差。

（福井原图）

3.3 产量及穗粒结构比较

2008年对稀植区和常规区各收割了部分植株，进行产量及穗粒结构调查（见表3）。单位面积穗数，稀植区只有常规区的78%，但每穗粒数却比常规区多34%，因此单位面积粒数稀植区比常规区多5%。结实率、千粒重则两区相同。由以上可知，稀植区的每穗粒数较多，但米粒充实程度仍然能与常规区相同，说明它有较大的向稻粒转运同化产物的能力。

表3　2008年稀植区和常规区的产量穗粒结构

	穗数（万穗／亩）	粒　数		结实率（%）	千粒重（g）	糙米亩产量（kg）
		（粒／穗）	（万粒／亩）			
稀植区	17.7	96.2	1 706	93.4	21.9	349
常规区	22.7	71.6	1 628	93.6	21.7	331
对比值（%）	78	134	105	100	101	105

（福井，未发表）

3.4 糙米产量与筛孔大小的关系

（1）达到了高品质米的产量目标

大米加工时分别采用2.0 mm及1.85 mm两种型号的筛孔孔径进行筛选，测定其糙米产量，结果见表4。2006年筛孔2.0 mm以上的糙米产量，稀植区是248 kg/亩，比常规区低15%；筛孔1.85 mm以上的糙米产量，稀植区是297 kg/亩，比常规区低9%。2007年筛孔2.0 mm以上的糙米产量，稀植区是335 kg/亩，比常规区高15%；筛孔1.85 mm以上的糙米产量，稀植区是361 kg/亩，比常规区高16%。2008年筛孔2.0 mm以上的糙米产量，稀植区是319 kg/亩，比常规区高5%；筛孔1.85 mm以上的糙米产量，稀植区是359 kg/亩，比常规区高7%。

表 4　稀植区和常规区的糙米实产

kg/ 亩

筛孔孔径	2006 年		2007 年		2008 年	
	稀植区	常规区	稀植区	常规区	稀植区	常规区
2.0 mm 以上	248	293	335	291	319	303
1.85 mm 以上	297	327	361	311	359	337

（福井，未发表）

筛孔 2.0 mm 以上的产量，稀植区 2007 年、2008 年两年都达到了原定的"高品质米目标产量"即糙米 320 kg/ 亩的目标。栃木县北部"越光"糙米的标准筛孔孔径是 1.85 mm，按此标准稀植区 2007 年、2008 年的产量达到了糙米 360 kg/ 亩，虽然离高品质米还有些差距（筛孔孔径小一些），但产量水平也已经很高了。

（2）调整追肥施用方法确保产量

可是 2006 年的糙米产量，无论是 2.0 mm 还是 1.85 mm 的筛孔，稀植区都比常规区低。原因可能是当年单位面积粒数没能达到预定要求，或者是同化产物无法充分向籽粒转流。这一年的氮素肥料量是 2.7 kg/ 亩，考虑到有机肥料的肥效来得慢，可能造成了当时氮素养分的不足。

2007 年则观察到了可能是氮素养分不足的生育状况，随即采取紧急对策，除了有机肥料 1 型外加施了 NK 合成化肥（见表 2）。2008 年则主动增加了追肥量（见表 2）。终于，通过调整追肥施用方法，实现了 2007 年、2008 年两年的产量目标。

由此看来，目标产量的确定不能勉强，如果没有其他产量制约因素，以施有机肥料为主的稀植栽培技术是能够确保生产出粒形较厚的高品质大米的。

4 糙米的蛋白质含量

将筛孔 2.0 mm 以上的精选糙米用近红外分析仪分析，结果显示：2007 年产米的蛋白质含量稀植区是 6.0％，常规区是 5.9％；2008 年产米的蛋白质含量稀植区、常规区都是 6.5％。稀植区、常规区糙米蛋白质含量看不出差异。从栽培试验分析，栽插密度的差异对糙米蛋白质含量的影响很小。

5 栽插密度对稻体的影响

图 3 是 2008 年收获期水稻植株的取样。由图 3 可以很清楚地看出，稀植区的水稻植株大而充实，产量也比常规区高。这可能是稀植区水稻植株能有较充分的同化产物向较多的稻粒转流的原因。

图 3　2008 年收获期稀植区（左）与常规区（右）的稻体比较

注：每穴穗数两区均为 18 穗。

（福井原图）

机插水稻稀植栽培新技术

为此，对稀植区和常规区水稻植株的差异进行了调查。生育调查的结果显示，稀植区和常规区相同，平均每穴茎数都是 18 根。于是以每穴茎数 18 根的植株为调查对象，齐穗期、收获期各取 3 株，分别测定它们的叶片、叶鞘＋茎秆、穗等部位的干物重，计算单位面积的干物重量（见表 5）。

表 5　2008 年齐穗期、收获期植株器官的单位面积干物重

g/m²

测定部位	稀植区			常规区		
	18 穗/穴，17.7 万穗/亩			18 穗/穴，22.7 万穗/亩		
	齐穗期	收获期	齐穗期 ~ 收获期	齐穗期	收获期	齐穗期 ~ 收获期
叶片	177.6	139.8	−37.8	169.1	141	−28.1
叶鞘 + 茎秆	494.8	482	−12.8	470.5	468.3	−2.2
穗	103.7	604.6	500.9	132.3	555.9	423.6
地上部合计	776.1	1 226.4	450.3	771.9	1 165.2	393.3

（福井，未发表）

齐穗期稀植区的单位面积茎数是常规区的 78%，但叶片和叶鞘＋茎秆的单位面积干物重比常规区还高，说明齐穗期稀植区水稻的植株充实，有重量。如果把“收获期穗重—齐穗期穗重”的值假设为抽穗后向籽粒转流的同化产物量，则稀植区蓄积的同化产物量为 500 g，比常规区高 18%。（收获期的叶片重和叶鞘＋茎秆重）–（齐穗期的叶片重和叶鞘＋茎秆重）的值，也是稀植区比常规区高，这个值可以假设为水稻植株的养分储藏量，表明稀植区水稻植株储藏的养分量比常规区多。谷草比稀植区是 0.97，常规区是 0.91，表明稀植区的籽粒灌浆比较充实。

以上结果表明，稀植区水稻植株充实，同化产物制造能力强，弥补了单位面积茎数的不足，获得了比常规区高的产量。

6 实现预定目标，不断普及推广

本试验以降低水稻生产成本为目标，具有特色，连续两年稀植栽培生产的稻谷，加工时用 2.0 mm 孔筛选出的高品质、食味优良的糙米产量达到了 320 kg/ 亩，超过了对比的常规区产量，实现了预定目标。

这个产量是在以有机肥为主的施肥条件下取得的，这表明水稻有机栽培或其他特别栽培时，稀植可以确保一定的产量。本试验用了 9 种成分不同的农药，只要再减少 1 种就能符合栃木县水稻特别栽培标准（不超过 8 种农药）的要求。有机栽培有个杂草问题，如能解决防除杂草的技术问题，通过稀植降低成本，实现有机栽培高品质米的一定产量目标，也是有可能的。

以有机肥料为主的稀植栽培要注意：① 选择具有条件的田块；② 选择适宜的品种；③ 设定适当的目标产量；④ 选用肥效明确、肥害少的有机肥种类；⑤ 一定数量前期分蘖的确保；等等。刚开始实行稀植栽培时，先减少单位面积的栽插穴数，逐步适应后再减少每穴苗数。当然，育苗时必须稀播，细心培育壮秧。

过度使用杀虫剂、杀菌剂等农药，不仅带来食品的安全问题，对生产者自身及周边环境造成的影响也很大。稀植栽培水稻生育健壮，可以减少农药使用，降低生产成本。

水稻稀植栽培容易培育出粗壮强大的后期健壮型长势长相，生育中后期养分吸收顺畅（桥川，1992）。水稻生产中具有很高评价的有机肥的肥效特性与稀植栽培水稻对养分的需求特性大体一致，这也是很有意思的，不是吗？

对本试验结果感兴趣的周边农户，正在不断地加入稀植栽培水稻的行列，期待该项技术的进一步推广。

执笔　福井丈（日本关东农产株式会社）

写于 2009 年

参考文献

［1］桥川潮：《抽穗期、灌浆结实期＝株型和灌浆结实能力》，1992.//农山渔村文化协会：《农业技术大系·作物篇》，第2—①卷，技240之89之2—240之89之7。

［2］广岛县农业改良普及中心，广岛县谷物改良协会：《稀植栽培手册（改订版）》，2006年。

［3］本田强：《机械稀植栽培》，1990.//农山渔村文化协会：《农业技术大系·作物篇》，第2—②卷，技506之22—506之31。

［4］奈良县农业综合中心：《水稻稀植栽培手册（平原地区阳光品种篇）》，2007年。

［5］野口胜宪：《有机质肥料的组成及土壤微生物》，2001.//农山渔村文化协会：《农业技术大系·土壤施肥篇》，第7—①卷，256之10—256之18。

［6］大渕光一：《蛋白质（食味要素）》，1990.//农山渔村文化协会：《农业技术大系·作物篇》，第2—②卷，技671—675。

3 第三部分

稀植栽培省工节本

> > > > > >

△ 上水、整地（日本埼玉县，5月）

△ 整地、施肥（日本埼玉县，5月）

密播育苗与稀植栽培相结合的省力化

1 技术背景

近年来，由于大米消费量的下降及粮食市场自由化的影响，稻米产地间的竞争日益激烈，规模化经营受大米价格波动的影响颇大，因而迫切需要降低生产成本。直播稻能显著降低成本，目前正在研究开发和推广的过程中。不过，由于需要购买新的直播机械以及容易出现发芽出苗不良、杂草、倒伏等问题，影响了直播稻栽培的稳产性能，产量似乎也较移植栽培的要低等原因，至今直播稻在新潟县的推广面积只占水稻总面积的1%。

为了降低生产成本，还开发了乳苗栽培技术（培育超短秧龄的乳苗，乳苗种子中胚乳残存率在50%左右），育苗时每盘种子播种量增加到200 g干谷，但是需要专用的岩棉垫作苗床。此外，乳苗的苗高控制也很烦琐，移栽精度较差，再加上浮苗、水淹苗容易受除草剂药害的顾虑，使得乳苗技术在新潟县的推广至今还几乎是空白。

为此，我们探讨了小苗（稚苗）密播育苗稀植栽培的方法，以期大幅减少穴盘育苗的工作量。但密播与培育壮秧是有冲突的，结合新潟县的实际情况，我们改进了移栽后的田间管理，弥补了密播苗质较差的缺陷。

　　水稻品种"越光"的栽培目标，首要的是品质及食味，而不是勉强追求高产，因此新泻县提倡在 5 月 10 日以后移栽，这样不仅可以避开灌浆结实期高温危害，还能消除过去因移栽过早遭遇低温引起的活棵及初期生育不良等顾虑。

　　密播育苗结合稀植栽培，大幅降低了育苗秧盘数，同时还能改温室育苗为露地育苗，不加温出芽，然后用秧池水育秧管理等，省工节本。下面逐一介绍。

2　密播育苗方法

2.1　播种

　　正常的小苗育苗，每盘干谷播种量为 140~150 g，在浸种催芽后进行播种。密播育苗的播种量较培育乳苗秧还要稍多一些，达到 250 g（见图 1）。这样的播种量，可最高限度地播满 30 cm × 60 cm 规格的育苗秧盘。目前，市场销售的播种机是可以使用的。

图 1　密播育苗的播种量

（市川摄，2007）

注：图左为 205 g/盘（密播育苗），图右为 140 g/盘（小苗育苗）。

机播水稻稀植栽培新技术

这个播种量是常规小苗的 1.8 倍。虽然播种量增加了，但却不需要增加肥料的用量，育苗土（基质）和小苗一样即可。

如表 1 所示，将密播育苗与播种后经加温发芽的在育苗温室内常规管理下的小苗秧苗相比，密播苗的苗高略高、叶龄略小，干物重也略小，秧苗的充实度也稍差，整体秧苗显得细小；但根系活力与常规秧苗几乎没有差别，能够达到机插所需的秧毯强度（1 kgf 以上）。

表 1　播种量与秧苗质量

干谷播种量	育苗天数（天）	秧苗质量					
		苗高（cm）	第 1 叶鞘长（cm）	叶龄（叶）	干物重（mg/苗）	秧毯强度（kgf）	充实度（mg/cm）
250 g/盘密播	18	11.4	4	2.0	10.1	3.75	0.89
140 g/盘小苗	18	11.0	3.7	2.1	12	3.41	1.09

注：加温出芽，温室育苗。

（金高等，2005 年部分更改）

2.2　无加温露地秧池育苗

如图 2 所示，为追求低成本、省力化，采取不用催芽机、不用育苗温室，播种后将育苗秧盘平放于露地，出芽后在秧池育苗的方法做了一些栽培试验。

所需要的材料就是塑料薄膜、木框，还有一些覆盖的材料、防鸟网等。秧池的位置要求地势平整、光照充足、背风，有大风的地方需要防风网。

（1）播种期、育苗天数与栽插时期

改温室育苗为露地不加温催芽，播种时间要比常规小苗育苗适当迟一些，待温度升高以后进行。过早播种，由于气温过低，会使发芽不良，也易受霜、雪的危害。

图 2　露地秧池育苗

（市川摄，2007）

　　表 2 显示了不同播种期、不同育苗天数的苗质情况。能够达到机栽所需秧毯强度的不同播期、不同育苗天数如下：4 月 15 日播种的需 25~30 天，4 月 20 日播种的需 25 天，4 月 25 日播种的需 20~25 天，即大致都需要 25 天。要能满足机插所需秧毯强度，新泻县应在育苗期间平均气温达 13 ℃以上的 4 月 20 日以后播种，在 5 月 15 日前后栽插。

表 2　不同播种期的育苗天数、气温及密播露地秧池育苗的苗质

年份	播种期（月 / 日）	育苗天数（天）	覆盖天数（天）	水层天数（天）	苗高（cm）	叶龄（叶）	秧毯强度（kgf）	充实度（mg/cm）	平均气温（℃）	6 月 5 日苗数（苗/穴）	6 月 16 日苗数（苗/穴）
2005	4/15	25	14	11	12.2	2.3	2.3	0.9	16.5		
	4/20	25	14	11	11.9	2.1	1.5	0.8	16.2		
	4/25	25	11	14	12.2	2.1	2.0	0.9	15.8		

年份	播种期 （月／日）	育苗 天数 （天）	覆盖 天数 （天）	水层 天数 （天）	苗高 （cm）	叶龄 （叶）	秧毯 强度 （kgf）	充实度 （mg/cm）	平均 气温 （℃）	6月5日 苗数 （苗／穴）	6月16日 苗数 （苗／穴）
2006	4/15	20	21		9.2	1.1	**0.1**	0.5	10.5		
		25	21	4	13.9	1.9	**0.3**	0.6	11.9		
		30	21	9	15.4	2.0	2.0	0.6	12.6	7.7	33.3
	4/20	20	18	2	13.8	1.5	**0.3**	0.5	12.4		
		25	18	7	15.1	1.8	1.0	0.5	13.2	9.6	37.8
		30	18	12	17.2	1.9	2.8	0.6	13.9		
	4/25	20	14	6	15.9	1.7	1.2	0.6	14.4	9.3	37.3
		25	14	11	18.4	1.8	1.6	0.6	15		
		30	14	16	18.2	1.8	2.9	0.6	15.4		
常规苗		20			13.2	2.1	2.5	0.9		9.7	36.7

注：① 表中加黑数字为秧毯强度低于 1 kgf。
　　② 平均气温是全育苗期气温平均值。
　　③ 常规苗播种量为干谷 140 g，加温出芽、温室育苗。

（市川等，2007）

由于苗质较常规小苗弱，过早栽插容易遇低温引起活棵及初期生育不良等，因此在气温稳定的 5 月 10 日以后栽插较宜。

（2）覆盖材料及其除去时期

与温室育苗相比，覆盖材料的床土温度低，而晴天时温度快速上升又易导致高温伤苗。所以，要求覆盖材料夜间保温性好，而日间又能避免高温烧苗。

图 3 比较了不同覆盖材料下床土温度、苗质等的情况。日照较差的情况下，各种覆盖材料的床土温度变化不大；反之，日照较好时，床土温度有差异，温度高低顺序为透明膜＞银色膜＋透明膜的双层覆盖＞银色膜＋粗膜的双层覆盖，特别是透明膜的最高温度能近 40 ℃。最低温度银色膜＋透明膜的双层覆盖是 7.4 ℃，比其他材料高 1.5 ℃。

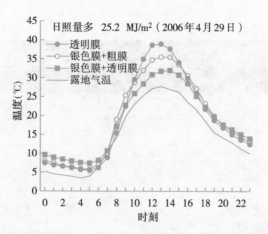

图3　密播、露地秧池育苗条件下不同覆盖材料的苗床土温度动态变化

（市川等，2008）

从表3可以看出，不同覆盖材料与苗质的关系。银色膜＋粗膜的双层覆盖和银色膜＋透明膜的双层覆盖干物重较低，但苗高和秧毯强度无论何种覆盖材料均相差不大，所以各种覆盖材料都是可行的。但光照状况良好时，以银色膜＋透明膜的双层覆盖较为安全。

表3　密播露地秧池育苗的覆盖材料与苗质

覆盖材料	苗高（cm）	第1叶鞘长（cm）	叶龄（叶）	干物重（mg/苗）	充实度（mg/cm）	秧毯强度（kgf）
银色膜＋粗膜	13.1a	4.8b	2.1	10.2b	0.79b	2.3
透明膜	10.7b	3.7d	2.3	10.7ab	1.01a	2.7
银色膜＋透明膜	12.8b	5.2a	2.0	9.7b	0.77a	2.0
常规苗	12.6b	4.2c	2.1	11.8a	1.00a	2.3
显著性测定	**	**	ns	*	*	ns

注：① **,*分别表示5%，1%的显著性差异；ns表示无显著性差异；数字后的a，b，c，d同字母之间不存在5%的显著性差异。

② 常规苗播种量为干谷140 g，加温出芽、温室育苗。

（市川等，2008）

　　由于露地育苗时温度较温室内低，所以露地苗苗高较低，为了能使秧苗有适宜苗高，覆盖材料的除去时间要适当推迟，但过迟又易形成高温危害，同时干物重和秧苗充实度降低，根系活力及秧毯强度也变差（见图4）。所以，除去覆盖材料的适宜时间是真叶1.0叶期，覆盖时间在播种后14~18天之间（见图4）。

（3）覆盖材料除去后的管理

　　水管理方面和一般秧池育苗相同。管理过程大致是播种后将育苗秧盘平置于无水池内，加盖覆盖材料进行保温催芽。真叶1.0叶期除去覆盖材料后，灌水到秧盘肩部，待自然落水后再灌水至秧盘的中间位置，其后到自然落水结束以后再进行补水。此时叶色褪淡，可每秧盘施用氮素1 g。

　　落水时间掌握在移栽前1~2天，将苗床多余水分排尽，降低秧盘的重量便于移栽操作。秧苗发根量多时可在移栽前进行断根处理或者在秧盘装土时底部填纸。

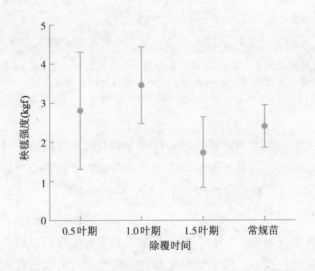

图4　密播、露地秧池育苗条件下覆盖物除去时间早迟与秧毯强度的关系

3 密播苗稀植栽培方法

3.1 栽插方法

密播苗稀植栽培与一般稀植栽培时的大田管理没有什么差异，基肥用量也和过去小苗移栽的相同。多家公司也都有满足稀植栽培需要的插秧机供应。

通常小苗移栽的栽插密度为 1 万穴/亩~1.2 万穴/亩，而稀植栽培的密度是 0.74 万穴/亩~0.8 万穴/亩。虽然目前市场供应的插秧机不能完全满足密播秧苗稀植的要求，但可以将取秧爪的每次取苗数设定到最低挡，每穴能栽插 4 苗也就可行了（见表 4）。

表 4 密播稀植栽培的栽插精度及所需秧盘数

年份	处理	栽插数（苗/穴）	标准偏差	缺穴率（%）	秧盘数（盘/亩）	栽插方法
2001	密播稀植	4.9	1.82		5.7	常规机插后手工调整栽插密度
	常规	3.7	1.64	0.0	11.3	常规机插
2002	密播稀植	3.3	1.92	10.0	3.9	使用改装后的常规插秧机
	常规	2.6	1.54	13.3	11.8	常规机插
2003	密播稀植	3.8	2.06	3.3	3.4	使用某公司的稀植插秧机
	常规	3.7	1.64	3.3	11.4	使用某公司的稀植插秧机

注：密播稀植播量 250 g，每亩栽 0.73 万穴；常规栽培播量 140 g，每亩栽 1.2 万穴。所需秧盘数按作业距离及使用后秧盘残留量算出。

（金高等，2005 年部分更改）

虽然缺穴率和常规栽培一样有 3%~10%，但稀植栽培下缺穴处的空隙大，容易滋生杂草危害，其危害程度较常规栽培缺穴时更大，所以在移栽时要特别注意防止缺穴现象。

3.2 生育

稀植栽培比 1.2 万穴/亩小苗常规栽培时的株高要高，生育过程中的叶色也浓，但倒伏程度却轻。虽然每穴的茎蘖数多，但每亩茎蘖数少，每亩穗数也少（见图 5）。

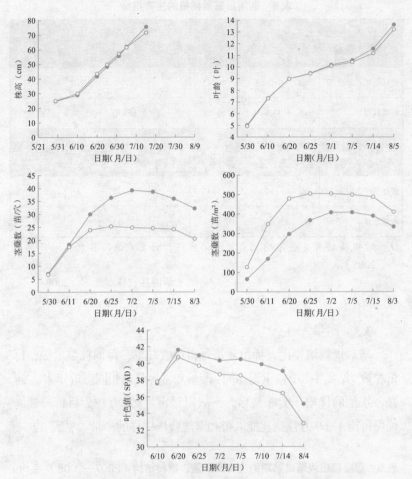

图 5　密播稀植栽培水稻生育动态变化（2001—2003 年平均）

（金高等，2005）

注：—●—密播稀植（250 g 播量，0.73 万穴/亩）；

—○—常规（140 g 播量，1.2 万穴/亩）。

　　稀植栽培生育进程稍慢，达到最高分蘖期的时间也较常规栽培迟 1 周左右，抽穗期和成熟期迟 2 天左右。新泻县 5 月 15 日移栽，8 月 10 日抽穗，9 月 15 日左右成熟（见表 5）。

表 5 新泻县密播稀植的生育指标

| | 最高分蘖期 | | | | 幼穗形成期 | | | |
	时期（月/日）	株高（cm）	苗数（万苗/亩）	叶色（SPAD值）	时期（月/日）	株高（cm）	苗数（万/亩）	叶色（SPAD值）
密播稀植	7/上旬	60	28.3	40~42	7/20前后	79	26.6	35~37
常规栽培	6/25前后	45	33.3~36.7	36~39	7/15前后	65~70	32~34.7	32~35

| | 第2次穗肥时 | | | | 抽穗期 | | |
	时期（月/日）	株高（cm）	苗数（万苗/亩）	叶色（SPAD值）	时期（月/日）	叶色（SPAD值）	
密播稀植	8/上旬	90	25	33~35	8/10前后	30~32	
常规栽培	7/下旬				8/7前后	32~33	

注：常规栽培有关数字均摘自《水稻栽培指针》（新泻县农林水产部，2005）。

（新泻县农林水产部，2009）

3.3 产量

与常规栽培相比，稀植栽培每亩穗数减少，每穗粒数增加，每亩粒数、结实率、千粒重则相同，产量和常规栽培相同。近年来，"越光"水稻的优质、美味栽培，一般以每亩1 860万粒为目标。如能确保每亩1 860万粒，就能取得和常规栽培一样的产量（见表6）。

表 6 密播稀植栽培成熟期的生育及产量、穗粒结构（2007—2008年平均）

| | 穗数（万穗/亩） | 粒数 | | 结实率（%） | 千粒重（g） | 糙米产量（kg/亩） | 秆长（cm） | 倒伏（级） | 糙米蛋白质含量（%） | 整米率（%） |
		（粒/穗）	（万粒/亩）							
密播稀植	22.5	80	1 800	91	21.7	371	98	3.4	6.2	75.8
常规栽培	26.5	75	1 953	92	21.7	396	91	4.0	6.2	74.2

注：① 常规栽培干谷140 g播量，小苗栽培1.2万穴/亩。
② 倒伏分级0（无）~5（甚）级。
③ 糙米蛋白质含量按15%水分换算，用近红外分光光度仪测定。

（新泻县农业综合研究所，未发表，2008）

3.4 品质

稀植栽培与常规栽培相比，外观品质相近，和食味相关的糙米蛋白质含量两者也没有什么差别（见表6）。

3.5 产量、产量穗粒结构及生育目标

稀植栽培与常规栽培有着不同的生育状态，其产量及穗粒结构也不同。新泻县密播稀植栽培的目标产量及其穗粒结构见表7。目标产量与常规栽培相同，都是糙米 360 kg/亩，每亩穗数 22 万穗，每亩粒数 1 860 万粒，结实率 90%，千粒重 21.0 g（见表7）。为了达到目标产量，新泻县提出了各不同生育阶段的生育状态目标（见表5）。

表7　新泻县密播稀植栽培的目标产量及其穗粒结构

栽培方式	穗数（万穗/亩）	粒数（万粒/亩）	结实率（%）	千粒重（g）	糙米产量（kg/亩）
密播稀植	22	1 860	90	21.0	360
常规栽培	25.3	1 860	90	22.0	360

注：常规栽培有关数字均摘自《水稻栽培指针》（新泻县农林水产部,2005）。

（新泻县农林水产部,2009）

4　密播稀植栽培的省工节本效果

首先，看一下稀植栽培的省工效果。秧苗补给的时间减少了，栽插密度由 1.21 万穴/亩改为 0.81 万穴/亩，补给时间的比率缩短了 7%；栽插密度由 1.01 万穴/亩改为 0.81 万穴/亩，补给时间比率缩短了 4%。秧苗补给间隔时间，1.21 万穴/亩栽插密度时为 5.4 分，1.01 万穴/亩栽插密度时为 6.2 分，0.81 万穴/亩栽插密度时为 7.4 分。栽插密度 1.21 万穴/亩时，每亩所需育苗秧盘数为 13.3 盘；栽插密度 1.01 万穴/亩时，每亩所需秧盘数为 11.1 盘；

栽插密度 0.81 万穴/亩时，每亩所需秧盘数为 8.9 盘。随着育苗秧盘数的减少，其辅助作业以及秧盘的搬运等作业负担也减轻了（见表 8）。而且，使用密播苗进行稀植时，每亩所需秧盘数只要4.9 盘。由每盘播种量干谷 140 g，栽插密度 1.21 万穴/亩的稀播、密植，改为每盘播种量干谷 250 g，栽插密度 0.81 万穴/亩的密播、稀植时，所需秧盘数可减少 64%，只要原来的 1/3，秧苗补给间隔可达 12 分钟。

表 8　作业效率测算

	调查	测算 1	测算 2	测算 3
栽插密度（万穴/亩）	0.8	1	1.2	0.8
育　苗	常规	常规	常规	密播
秧盘使用量（盘/亩）	8.9	11	13.3	4.9
补充供苗时间（分/亩）	1.5	1.9	2.3	0.8
补充供苗时间比率（%）	18	22	25	11
补充供苗间隔时间（分）	7.4	6.2	5.4	12.4
作业效率比	92	96	100	84

注：以 1.2 万穴/亩作业的时间为 100。

（新泻县农林水产部，2007）

　　密播稀植栽培的育苗，移栽的费用以及劳动时间都缩短了。根据农畜产品生产成本统计资料（2004 年度）进行测算，密播稀植栽培可降低生产成本 7%~9%（3 666.7~5 333.3 日元/亩），减少劳动时间 7%~9%（1.2~1.7 小时/亩）（见表 9）。

表 9　省工节本效果试算

%

处　　理	苗使用量	移栽时间	生产费	劳作时间
140 g 1.2 万穴/亩→250 g 0.8 万穴/亩	−63.2	−17.4	−9.2	−9.2
140 g 1.0 万穴/亩→250 g 0.8 万穴/亩	−55.8	−13.8	−6.5	−6.9

注：农畜产品生产成本统计了 2004—2005 年度农作业费 – 农业劳动工资的有关调查结果。

（新泻县农林水产部，2007）

执笔　佐藤彻（新泻县农业综合研究所作物研究中心）

写于 2009 年

参考文献

［1］市川岳史，等：《"越光"水稻品种的密播、露地秧池育苗法》，关东东海北陆农业及北陆水田作旱作研究成果。

［2］市川岳史，等：《"越光"水稻品种的密播稀植栽培技术（第 2 报）：播种期和育苗天数对露地秧池育苗秧苗的影响》，《北陆作物学会报》，2008（43），23—25。

［3］市川岳史，等：《"越光"水稻品种的密播稀植栽培技术（第 3 报）：育苗条件对露地秧池育苗秧苗的影响》，《北陆作物学会报》，2008（43），27—29。

［4］金高正典，等：《越光水稻品种的密播稀植栽培技术（第 1 报）：与常规小苗移栽的比较》，《北陆作物学会报》，2005（40），11—14。

［5］新泻县农林水产部：《减轻育苗劳力的"越光"水稻品种密播稀植栽培法》，《新泻县农林水产业研究成果集》，2007，29—30.

［6］新泻县农林水产部：《"越光"水稻品种密播稀植栽培高品质、稳定栽培法的目标（部分改订）》，《新泻县农林水产业研究成果集》，2009，31—32。

秧盘全量施肥的稀植栽培

1 育苗秧盘全量施肥的特点

育苗秧盘全量施肥法，是指将全生长期间稻作所需要的专用种衣尿素肥料（该肥料是单一尿素肥 N400-100，内含的氮素养分在 25 ℃条件下 30 天内不会溶出，80% 溶出需要 100 天），一次性全部施于育苗秧盘底部的方法。该施肥法的优点是在机械移栽作业的同时，完成全生长季的氮素施肥作业，省工节本（日高、蓜岛，2000；高桥、吉田，2006）。这样肥料与根接触，肥料利用效率比化肥分次施用高（金田，1996），减少了单位面积氮素肥料的用量，从而减少了对周围环境的负影响（长崎，1999）。目前，该施肥法在日本以东北地区为主已经推广了约 3 万公顷（2008 肥料年度氮素旭肥料股份公司内部资料）。

专用种衣尿素有两种施用方法：① 与育苗土混合；② 分层施用。与育苗土混合时要均匀，同时要注意不损伤覆盖在稻种表层的种衣，实际操作较为烦琐。现在主要采用分层施用法，操作顺序为育苗土→使用专用种衣尿素→稻种→覆土，用量上限是每秧盘 1 kg（来自厂家的产品说明）。

2　在稀植栽培中的应用

这里所说的稀植栽培专指正方形移栽，株行距为 30 cm×
30 cm（栽插密度为 0.74 万穴/亩）。这种稀植栽培的特点是，单
位面积所需的育苗秧盘数少（6~7 盘/亩），可相应的减少材料费
和劳动力成本。从单个育苗秧盘来看，效果有限，但如果秧盘的
数目很多，其效果是非常具有吸引力的。目前该方法正在各地以
规模经营农户为主进行推广。

现在，我们将这种稀植栽培的特点拓展并与育苗秧盘全量施
肥法相结合。这两项技术组装配套方面的课题有：① 单位面积所
需育苗秧盘数减少后，每盘专用种衣尿素的用量要超过 1 kg，对
育苗稳定性造成的不良影响如何解决；② 如何把握对水稻生育、
产量及糙米品质产生的影响。

3　安全可靠的育苗方法
3.1　不同育苗法的苗质比较

育苗秧盘全量施肥与稀植栽培组合成功的关键，是有把握的
实用育苗技术的开发。

增加专用种衣尿素使用量至 1 460 g/盘，采用常规的育苗操
作程序（床土→使用专用种衣尿素→稻种→覆土），会出现秧苗
生育参差不齐的现象。如果将操作程序改为底施专用种衣尿素→
育苗土→稻种→覆土，秧苗生育不齐现象就消失了（见表 1）。以
往的常规操作下出现的生育不齐，从其症状看主要是发芽不良，
原因是稻种下方的专用种衣尿素肥料颗粒空隙较大，阻断了育
苗土中水分向稻种的输送，造成了对稻种的供水不足（三重县，
1999）。

将专用种衣尿素在育苗秧盘底部增量施用至 1 460 g/ 盘育成
的秧苗，和不施用专用种衣尿素育成的常规秧苗进行比较，在叶
龄、株高以及苗干物重等方面几乎完全相同，虽然专用种衣尿素

在育苗秧盘底部增量施用的秧苗叶色更浓，但秧毯强度却只有常规秧苗的一半（见表1）。

表1　育苗秧盘全量施肥方法与苗质（2008 年）

处理	秧盘重量（kg/ 盘）	生长整齐度（%）	秧毯强度（N/5cm）	叶龄	叶色	苗高（cm）	苗干重（g）
底施 1 460 g	6.3（85）	0	14.4	2.44	3.7	11.4	1.32
育苗土上 1 460 g	6.3（85）	30		2.28	3.7	14.1	1.21
育苗土上 780 g	6.7（90）	0	27.0	2.28	3.7	14.1	1.21
常　　规	7.4（100）	0	31.0	2.17	2.6	10.8	1.32

注：① 育苗秧盘深 30 mm，专用肥料为专用种衣尿素 N400-100，由氮素旭肥料股份公司生产。
　　② 各数值均为播后 24 天测定。
　　③ 生育整齐度指苗高在平均值一半以下的盘数占比。
　　④ 秧毯强度指拉动 5 cm 的秧苗至破断的最大用力。

专用种衣尿素在育苗秧盘底部增量施用育成的秧苗叶色浓的原因是虽然得到了氮素养分供应，但却并没有出现氮素过多时常会出现的叶片先端下垂扭曲的症状（星川，1975）。适当浓的叶色可以促进活棵，叶片比色板测定 3.7 级的秧苗是比较好的。

虽然秧毯强度低了一半，但依据经验，有 7 N/5 cm 以上强度的秧毯就可以正常应用，实际测定强度达 14.4 N/5 cm，可以不需载秧板进行移栽操作了（见图 1）。

所以，专用种衣尿素在育苗秧盘底部增量施用育成的秧苗，其苗质可以满足实际操作的需要。

图 1 移栽作业时秧苗的搬运

3.2 育苗方法

依据上述结果，将育苗方法叙述如下：将专用种衣尿素施于育苗秧盘底部（专用种衣尿素→育苗土→稻种→覆土，见图2），之后的苗床管理基本与常规育苗一样。新育苗法将全生长季水稻所需氮肥全量用专用种衣尿素施入育苗秧盘底部，专用种衣尿素用量只需常规氮素化肥分次使用总量的80%左右，即可取得同样的产量。单个育苗秧盘施用的专用种衣尿素（品牌号为N400-100，含氮40%）的量（F）可通过以下的算式进行计算。

$$F（g）=\frac{常规氮素化肥分次使用总量（kg/亩）\times 0.8 \times 1\,000}{育苗秧盘数（盘/亩）\times 0.4}$$

另外，专用种衣尿素的用量依据田块肥力不同可有增减，具体可以和专家商讨，或者首次采用专用种衣尿素育苗时，用量参照常规化肥分施总量的70%使用，然后根据当年水稻的生育以及产量情况，在下一年度进行调整。

覆土

稻种

育苗土

专用肥料（专用种衣尿素）

图2 育苗秧盘的断面（表1中底施1 460 g，播种后20天的育苗秧盘）

育苗管理需要注意以下事项：

① 专用种衣尿素的用量超过1 550 g/盘时，秧苗能否正常生育，目前尚无定论。

② 专用种衣尿素施用时，育苗箱内的水分持有量会减少，要注意及时补充水分。

③ 覆土厚度应确保有9 mm。

④ 育苗秧盘施用农药时，在遵循每盘用药量标准的同时，必须考虑到稀植后整个大田田间的总用药量实际减少的情况，依据田间病虫害的发生情况适时进行必要的大田预防。

⑤ 大田的磷肥与钾肥施用要依据土壤的测定结果适量施用。

此外，利用专用的施肥播种机，操作时不会发生肥料的飞溅。

4 大田的生育特点

表 2 是"越光"水稻 2007 年、2008 年两年正常移栽（5 月 20 日左右）的结果。施肥、栽培管理方法见表 2。从移栽到抽穗期（8 月 5 日左右）的积温约 2 300 ℃，抽穗到收获期（9 月 15 日左右）的积温约 1 000 ℃。

育苗秧盘全量施肥的稀植栽培（栽插密度 0.74 万穴/亩）和育苗秧盘全量施肥的常规密度栽培法（栽插密度 1.33 万穴/亩，育苗秧盘数为 12 盘/亩）比较，茎蘖数的增加缓慢，穗数偏少，叶色也一直保持较深，但株高和秆长、穗长等几乎相同，倒伏程度下降。此种生育特点，与用化肥进行稀植栽培和常规密度栽培比较所表现出来的生育特点相类似（见图 3、表 2）。

但这种特点在不同的肥料施用法之间表现程度有所差异。稀植栽培情况下，育苗秧盘全量施肥与化学肥料常规用法相比，移栽后 45 天的茎蘖数增多，穗数也增加。叶色在幼穗形成期前一直较浓，但在齐穗期叶色反而变淡。育苗秧盘全量施肥的穗长比化学肥料常规用法的短，但株高和秆长几乎相当。

这种生育上的差异，是由于不同的肥料施用法在不同的生育阶段氮素供应的不同造成的。育苗秧盘全量施肥法所用的专用种衣尿素，其氮素的溶出随温度的变化而有所差异，从地温的实际测量值（省略）来看，到幼穗形成期所溶出的氮素量相当于水稻整个生育期所溶出氮素总量的 50%。而采用化肥常规栽培时，相对于基肥，穗肥的用量更多，即把水稻生育的后期作为施肥的重点。这种施肥方法的不同，在水稻对氮素的吸收量上得到了反映，育苗秧盘全量施肥与化肥常规用法相比，幼穗形成期（7 月 15 日左右）氮素的吸收量更多，而到齐穗、收获期两者氮素的吸收几乎没有差异（见图 3）。

表 2 施肥、栽插密度培育方法与生育（2007 年、2008 年平均）

区名	处理内容					生育		
	专用肥量 （g/ 盘）	栽插密度 （万穴/ 亩）	秧盘数 （盘/ 亩）	总用 氮量 （kg/ 亩）	穗数 （万穗/ 亩）	秆长 （cm）	穗长 （cm）	倒伏程度 （级）
秧盘常规	780	1.24 ± 0.2	12.5 ± 0.2	3.9 ± 0.1	26.1a	91.4	18.2a	2
秧盘稀植	1 460	0.74 ± 0	6.2 ± 0.3	3.6 ± 0.2	23.1b	92.4	18.7a	1.4
常规		1.24 ± 0.1	12.5 ± 0.2	4.7 ± 0	24.7a	91.4	19.3ab	1.8
稀植		0.74 ± 0	6.1 ± 0.1	4.7 ± 0	20.1b	93.5	20.2b	1.5

注：① 秧盘常规育苗同表 1 中育苗土上 780 g 区，秧盘稀植同表 1 中底施
1 460 g 区，常规、稀植同表 1 中的常规处理育苗。
② 常规、稀植区化肥分施（3–2–2 基肥—穗肥—穗肥Ⅱ）。
③ "±"表示处理年度间的幅度。
④ 不同处理间差异按 5% 显著性测定，仅表示有显著性差异的处理。

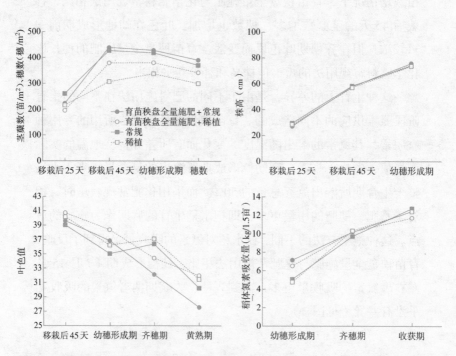

图 3 不同施肥、栽培方法条件下生育情况的动态变化（2007 年、2008 年平均）

也就是说，稀植栽培时采用育苗秧盘全量施肥法与化肥常规用法相比，生育前期氮素的供给较多，而化肥常规用法由于施用穗肥，其生育中、后期氮素供给较多。

这种不同生育时期氮素供给不同而表现出的生育差异，造成了育苗秧盘全量施肥法比化肥常规用法的初期生育更旺盛。

5 产量与穗粒结构

精糙米的产量在各处理之间的差异不显著。也就是说，采用育苗秧盘全量施肥稀植栽培的精糙米产量和化学肥料常规用法的相同（见表3）。

表3 施肥和栽培方法与产量、穗粒结构、品质的关系（2007年、2008年平均）

区名	谷草比	精糙米重 （kg/亩）	粒　数		千粒重 （g）	结实率 （%）	等级 （1~9）	糙米氮素 含量（%）
			（粒/穗）	（万粒/亩）				
秧盘常规	1.07a	388.7	74.5a	1 933	22.5a	88.8	4.3	1.21a
秧盘稀植	1.12b	375.3	83.7b	1 926	22.7a	86.0	3.5	1.25a
常规	1.07a	382	74.1a	1 826	23.7b	87.4	4.5	1.31b
稀植	1.17c	395.3	94.8b	1 907	23.5b	86.2	4.3	1.33b

注：① 等级1~6属一等米，7~8级属二等米，9级属三等米，委托鸟取农政
　　 事务所测定。
　　② 不同处理间差异按5%的显著性测定，仅表示有显著性差异的处理。

从产量穗粒结构来看，两种肥料施用方法下稀植栽培的每穗粒数均比化学肥料常规栽培下的多。这是由于稀植栽培穗数减少而使每穗粒数增加的原因。单位面积的总粒数在各处理之间差异不显著。

也有报道说，稀植栽培产量较低的原因是由于穗数不足而使粒数不足（平野等，1997），所以稀植栽培时要获得稳产、高产，确保穗数是非常重要的。可以认为育苗秧盘全量施肥的稀植栽培

法与化学肥料常规用法相比，因为穗数往往较多，有利于确保高产、稳产，是一种更好的施肥方法。

不同栽插密度的千粒重差异不显著，而肥料施用方法不同时的千粒重却有明显差异，育苗秧盘全量施肥的千粒重低。究其原因，是因为育苗秧盘全量施肥的水稻从幼穗形成期到齐穗期，承担光合产物向谷粒运转的上部叶片叶色较淡，光合作用能力较弱。此外，虽然不直接影响产量，但稀植栽培下的谷草比高于常规栽培。这种倾向在采用化肥分施稀植栽培时更显著。谷草比增高意味着生产效率也高，从而受到欢迎。但反过来，高谷草比也容易打破养分供应和蓄积之间的平衡，从而给高产、稳产带来隐患，因此过高的谷草比必须要引起警觉。

6 稻米等级及糙米的氮素浓度

稻米的等级在各处理之间的差异不显著，育苗秧盘全量施肥与稀植栽培的组合和常规栽培稻米的等级均相同（见表3）。

与食味好坏相关的糙米氮素浓度与栽培密度无关，但育苗秧盘全量施肥与化肥分施相比，糙米的氮素浓度要低。此外，虽然差异不显著，与肥料施用法也无关，但稀植栽培的糙米氮素浓度有比常规栽培高一些的倾向（见表3）。在另外进行的化肥分施试验中，曾得出稀植栽培糙米的氮素浓度比常规栽培高的结果，且达到了5%的显著性差异（数据略）。

齐穗期叶色深，糙米的氮素浓度也高（栉渊，1996）。稀植栽培的糙米氮素浓度高，与其抽穗前后的叶色较常规栽培的深是有高度关联的。

因此，虽然稀植栽培对提高稻米的食味有负影响，但通过稀植栽培与育苗秧盘全量施肥的组装配套，可以抑制糙米氮素浓度的提高，从而维持稻米的良好食味。这是该两项技术组装配套的优点之一。

7 小结

育苗秧盘全量施肥与稀植栽培的组装配套栽培法，通过专用种衣尿素的秧盘底部施用，即使适当增加专用种衣尿素的施用量，也能培育出实用的秧苗。"越光"品种采用这种育苗法，可以确保过去化肥常规分施栽培的稻米产量和质量等级，糙米的氮素浓度也较低。

将这两项技术组装配套，育苗阶段可以省工节本，还省去了大田期的氮肥施用作业。将其与化肥常规分施相比较，估算可降低成本 2 000 日元/亩以上。

专用种衣尿素有几个氮素养分溶出曲线不同的种类，这次介绍的只是育苗秧盘全量施肥和稀植栽培相结合的一个栽培实例，以后还有必要进一步试验，筛选出与水稻品种、栽培环境相适应的施肥量及肥料种类等。

执笔 坂东悟（鸟取县农林综合研究所农业试验场）
写于 2009 年

参考文献

[1] 日高伸，蔍岛雅之：《水稻育苗箱全量施肥技术》，《埼玉县农业试验场研究报告》，2000（52），13—25。

[2] 平野贡，山崎和也，TRUONG Tac Hop，黑田荣喜，村田孝雄：《氮素施肥体系与稀植组配栽培对水稻生育及产量的影响》，《日作纪》，1997（66），551—558。

[3] 星川清亲：《稻的生长》，农山渔村文化协会，1975，75。

[4] 金田吉弘：《水稻育苗秧盘全量施肥法》，《农及园》，1996（71），804—806。

[5] 栉渊钦也监修：《米的美味科学》，农林水产技术情报协会，1996（2），156。

［6］三重县科学技术振兴中心、农业技术中心：《水稻育苗全量施肥产生发芽不良的主要原因》，《成果情报》，1999。

［7］长崎洋子：《减轻水稻育苗箱全量施肥氮素的流失》，1999，177。

［8］高桥行继，吉田智彦：《群马县稻麦两熟地带水稻育苗、施肥新技术的低成本、省力化评价》，《日作纪》，2006(75)，126—131。

基肥不用氮肥的
稀植栽培

1 作为耐冷性技术的可能性

1993 年发生平成大冷害，日本全国平均水稻产量指数只有 74（糙米产量 233 kg/亩），从北海道到东北太平洋一侧的水稻产量指数更低，只有 28~61（糙米产量 106~209 kg/亩），受灾程度前所未有。但就是在气候异常的 1993 年，也看到了因栽培管理不同受灾程度显著不同的现象。在诸多减轻危害的事例中，特别引人注目的是灌浆结实中期现场考察中发现的基肥不用氮肥，8 叶以后追肥的氮肥施肥技术与稀植栽培组合起来的事例。

考察到的所有实行基肥不用氮肥并稀植栽培的农户，冷害导致不结实的程度都很轻，取得了接近常年的产量（石川，1994）。基肥不用氮肥并稀植栽培的水稻的外观长势长相与常规种植的水稻有较大差异，灌浆结实中期的叶色与常规种植的黄绿色相比，明显维持着绿色，每个茎秆的功能叶多出 1 张，而不见过繁茂征兆。而且茎秆粗壮，叶片厚实，穗大，每穗粒数也多（平野等，1997）。

曾经在青森县广泛推广的基肥少施氮素、追肥深施技术也出现过这种类似的水稻生育特点及耐冷效果，曾被局部认可，为这次基肥不施用氮肥的稀植栽培作为耐冷性技术应用做了前期准备。但采用这项技术的农户，正常年份产量较常规栽培要低5%~10%，成为影响该技术向周边农户推广的最大问题。产量水平至少要达到与常规栽培相仿才可行。

基肥不施用氮肥的施肥体系和稀植栽培结合的新技术（以下统称基肥不施用氮肥稀植栽培），还有许多待克服的问题，对于农户在实际培育中见到的水稻生育特征，还必须做再证实的试验，进而对基肥不施用氮肥稀植栽培水稻的生育特性及产量进行研究。

2 基肥不施用氮肥稀植栽培与常规栽培概要

试验在岩手大学农学部的研究农场及滝泽附属农场的水田进行，以"秋田小町"和"一见钟情"为主，包括最近新育成的12个品种或品系。栽插密度及基本的氮肥施用时期和施用量见表1。

表1 常规区、基肥不施用氮肥稀植区的栽插密度、施肥时期及施肥量

区名	栽插密度（万穴/亩）	氮肥施用量（kg/亩）				施肥量（kg/亩）			
		基肥	8叶期	NNI	颖花分化期	齐穗期	N	P_2O_5	K_2O
常规	1.5	4.3			1.6	1.3	7.3	9.3	8.5
基无－稀	1.1		2	1.3	1.3	1.3	6.0	9.3	8.5

注：① 基肥5月8日施，8叶期6月6日至6月10日施，NNI期6月26日至7月6日施，颖花分化期7月8日至7月18日施，齐穗期7月28日至8月8日施。

② NNI表示幼穗分化前（即抽穗前33~36天）。

③ 颖花分化期剥查幼穗长度，幼穗长15~20 cm。

④ 磷、钾均作基肥用。

（Pham et al.，2004）

机插水稻稀植栽培新技术

常规栽培区密度为 1.48 万穴/亩（行距 30 cm × 株距 15 cm），每穴栽插 3 苗。基肥用化肥折纯氮为 4.35 kg/亩，追肥分别在颖花分化期和齐穗期分两次施用，施用量折纯氮分别为 1.7 kg/亩和 1.3 kg/亩。而基肥不施用氮肥稀植栽培区的密度为常规栽培区的 75%，每亩移栽 1.1 万穴（行距 30 cm × 株距 20 cm），同样每穴 3 苗移栽，基肥中磷、钾肥的用量和常规栽培区相同。然后在秧苗达 8 叶期的 6 月中旬施用化肥折纯氮 2 kg/亩，并在进入幼穗分化期稍前、颖花分化期、齐穗期分别用折纯氮 1.3 kg/亩的硫铵进行追肥。这样基肥不施用氮肥稀植栽培区的总氮素施肥量就比常规栽培区少了 1.3 kg/亩。

另外，常规栽培区在 6 月底到 7 月中旬进行烤田，程度为田间出现龟裂，其后至结实中期进行干湿交替的间隙灌溉。与此对应，基肥不施用氮肥稀植栽培区为了防止土壤中的氮素水平下降，省去了烤田，在抽穗后和常规栽培区一样进行干湿交替间隙灌溉。由于糙米中的蛋白质含量直接影响稻米的食味，生产指导一般要求控制齐穗期的氮素追肥，但在本试验中为了充分发挥品种的产量潜力，在齐穗期进行了氮素追肥。其他杂草、病害虫的管理与常规栽培区一致。

3 茎蘖数、产量及穗粒结构特征
3.1 气候、品种与产量

图 1 所示为 1999—2001 年三年间每年 12 个品种的常规栽培与基肥不施用氮肥稀植栽培的产量比较。后者的平均产量为糙米 498.7 kg/亩，比前者的糙米 514.7 kg/亩约低 3%。两者的差异主要是由于品种、年份的关系造成的。成熟期气候良好的 2000 年、2001 年两种栽培法的产量都高，但基肥不施用氮肥稀植栽培的产量比常规栽培的要低。而成熟期气候不好的 1999 年，两区产量都不高，但基肥不施用氮肥稀植栽培的产量与常规栽培的相当或略高。

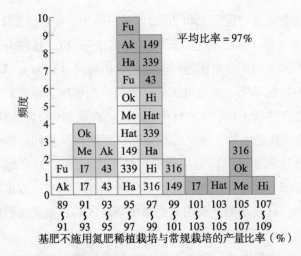

平均比率 = 97%

频度

89 91 93 95 97 99 101 103 105 107
～ ～ ～ ～ ～ ～ ～ ～ ～ ～
91 93 95 97 99 101 103 105 107 109

基肥不施用氮肥稀植栽培与常规栽培的产量比率（%）

图1 基肥不施用氮肥稀植栽培与常规栽培产量比率的频度分布

注：① ■为1999年，▨为2000年，□为2001年。
② 图中用略缩符号表示品种名。
③ 早熟品种：43为"岩手43"，Ha为"花之舞"，339为"奥羽339"，
149为"藤系149"。
④ 中熟品种：AK为"秋田小町"，Hat为"旗印"，Fu为"福响"，
I7为"岩南7号"。
⑤ 晚熟品种：Me为"可爱"，Ok为"中意"，316为"奥羽316"，
Hi为"一见钟情"。

其中，有三年内基肥不施用氮肥稀植栽培区的产量全部低于常规栽培的品种（"秋田小町""福响"），也有个别年份基肥不施用氮肥稀植栽培区的产量比常规栽培高的品种（"奥羽316号""一见钟情"），差异较大，由此可见不同品种对基肥不施用氮肥稀植栽培的反应不一样。

3.2 茎蘖数的动态变化及产量穗粒结构

图2表示了"秋田小町"和"一见钟情"的茎蘖数动态变化。常规栽培区两品种活棵后茎蘖数均表现为平稳增加，到7月上旬时达到了峰值52万苗/亩~54万苗/亩，而到齐穗期时又急剧减少，

最终穗数为36万穗/亩~38万穗/亩。

而基肥不施用氮肥稀植栽培区两品种到6月中旬期间，茎蘖数增加均较为缓慢，直到8叶期追肥后增加才明显，7月上旬时达到峰值，但是比常规栽培区的茎蘖数少30%左右，只有34.7万苗/亩~36.7万苗/亩，但其后茎蘖数的减少明显低于常规栽培区，最后两品种的穗数比常规栽培区少6万穗/亩。也就是说，基肥不施用氮肥稀植栽培区伴随着无效茎蘖的消亡，总茎蘖数的减少相对比常规栽培区少，有效茎蘖数的比率达87%~90%，明显较常规栽培区高。

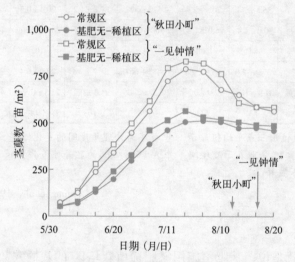

图2　不同栽培条件下茎蘖数的动态变化（1996年）

注：箭头表示齐穗期。

（Truong et al., 1998）

表2显示了两个品种各处理下的产量穗粒结构。栽插穴数少25%的基肥不施用氮肥稀植栽培区的每亩穗数，两个品种均

比常规栽培区少16%~17%，只有30万穗~32万穗，而每穗粒数增加了10%，每亩粒数比常规栽培区的2 467万粒~2 533万粒少7%~9%，只有2 267万粒~2 333万粒。结实率、糙米千粒重，与常规栽培区相同或略高2%~4%。基肥不施用氮肥稀植栽培区的糙米产量，"秋田小町"为441 kg/亩，"一见钟情"为477.4 kg/亩。与常规栽培区相比，差异达不到显著程度。

表2　不同栽培条件下"秋田小町"及"一见钟情"的精糙米产量及穗粒结构

品种	处理	穗数（万穗/亩）	粒　　数		结实率（%）	糙米千粒重（g）	精糙米产量（kg/亩）
			（粒/穗）	（万粒/亩）			
秋田小町	常规	35.8 ± 2.1	70.5 ± 1.4	2 520 ± 527	89.8 ± 1.2	20.4 ± 0.3	452 ± 4.7
	基无-稀	30.0 ± 1.4*	76.0 ± 1.1**	2 300 ± 266**	92.0 ± 0.8*	20.9 ± 0.1 ns	441 ± 2.7 ns
	比率（%）	84	108	91	104	102	98
一见钟情	常规	37.9 ± 2.0	65.6 ± 2.4	2 487 ± 667	88.7 ± 0.4	23.0 ± 0.4	486 ± 3.3
	基无-稀	31.9 ± 1.7**	72.9 ± 0.3**	2 320 ± 240**	91.2 ± 0.2*	22.8 ± 0.3 ns	478 ± 4.7 ns
	比率（%）	83	111	93	103	99.1	98

注：①数值用三点平均值表示，± 数字为处理年度间的变化幅度。
　　②*，** 分别表示处理间差异达1%和5%的显著性差异，ns 表示差异不显著。

（Truong et al., 1998）

也就是说，基肥不施用氮肥稀植栽培区的栽插穴数降低了25%，但由于每穴穗数以及每穗粒数均增加了10%，每亩粒数的差异减少到了7%~8%，再加上结实率及千粒重比常规栽培区要高，所以精糙米产量仅比常规栽培区低了2%，而且糙米千粒重高，谷粒的整齐度以及外观品质均好于常规栽培区。

3.3　一次分蘖、二次分蘖的成穗数与穗重

为了探明穗数较少的原因，可观察图3中主茎和各次分蘖成

穗在穗数中所占比例。每亩穗数，基肥不施用氮肥稀植栽培区比常规栽培区要少 5.3 万~6 万穗，而减少的部分主要是一次分蘖。常规栽培区两品种的主茎穗所占比例为 11%~12%，一次分蘖穗所占比例为 52%~53%，二次分蘖穗所占比例约 36%。基肥不施用氮肥稀植栽培区与其相比，一次分蘖穗所占比例低了 4%~5%，二次分蘖穗所占比例却高了 5%~6%。

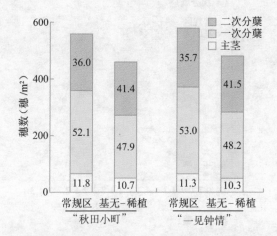

图 3　不同栽培条件下主茎、一次分蘖及二次分蘖的成穗比率
注：图中数字分别表示主茎、一次分蘖、二次分蘖成穗占总穗数之比（%）。

图 4 为一次分蘖与二次分蘖穗重的频度分布，常规栽培区一次分蘖穗重多在 1.7~2.4 g 范围内，而基肥不施用氮肥稀植栽培区相对稍重的穗子要更多一些。常规栽培区二次分蘖 0.9 g 以下的小穗更多一些，而基肥不施用氮肥稀植栽培区的二次分蘖穗重 1.7 g 以上的数量明显要多一些。

基肥不施用氮肥稀植栽培与常规栽培相比，由于一次分蘖形成的穗数少了，所以每亩穗数减少了 15%~16%，但一次分蘖与二次分蘖的穗重都比较大，尤其是占到 40% 以上的二次分蘖，这种倾向更明显。

　　基肥不施用氮肥稀植栽培区栽插穴数少，初期生育又受到抑制，因此一次分蘖少而穗重则稍大，二次分蘖成穗数则达到了与常规栽培区同样的占比，这样每穗粒数多了，且穗重方面充实的重穗比例高，所以产量也只稍比常规栽培区低一些。

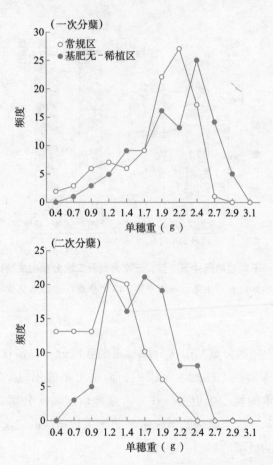

图 4　不同栽培条件下一次分蘖（上）与二次分蘖（下）穗重的频度分布
注：供试品种为"一见钟情"。

（Truong et al., 1998）

4 干物生产的特征

表3列出了颖花分化期到成熟期各生育时期的群体生长速度（CGR）、平均叶面积指数（MLAI）和净同化率（NAR）。统计时选用了中熟品种（熟期比照"秋田小町"）、晚熟品种（熟期比照"一见钟情"）各4个平均值。

CGR用来表示单位面积干物增加速度，各品种群在不同年度间、不同生育时期表现出了变动，齐穗前的幼穗形成期变动较大，结实前半期、后半期伴随着生育进程的推进变动逐步变小。

幼穗形成期的CGR，基肥不施用氮肥稀植栽培比常规栽培的要小，而结实前半期、后半期除了2000年的结实前半期外，基肥不施用氮肥稀植栽培与常规栽培相比，大体同等或大一些。也就是说，基肥不施用氮肥稀植栽培比常规栽培幼穗形成期的CGR要小，但齐穗后的干物生产能力则维持较高水平，从而对提高结实率做出了贡献。

对CGR、MLAI和NAR分别作分析，各生育期均表现出基肥不施用氮肥稀植栽培MLAI比常规栽培明显要小，而NAR则明显要大。特别是齐穗期以后，2个栽培区MLAI的差异在缩小，基肥不施用氮肥稀植栽培的NAR大，CGR则与常规栽培相等或更大。

灌浆结实期基肥不施用氮肥稀植栽培的NAR之所以大，是由于上部2片功能叶大而厚以及光照在群体内部的衰减程度小。

5 对耐倒伏性的影响

随着矮秆穗数型品种的普及，倒伏危害呈现减少的倾向，但是结实后期由于天气不好而发生的倒伏还是会发生，对优质、良食味米的稳定生产来讲，妥帖的肥培管理是不可缺少的。基肥不施用氮肥稀植栽培的水稻，即使对照区的常规栽培已经出现倒伏，它仍然能维持不倒伏的株型长势直至收获，由此可推测基肥不施用氮肥稀植栽培可以提高水稻耐倒伏的能力。

表 3　不同栽培条件下中熟、晚熟品种群体的个体群生长速度（CGR）、平均叶面积指数（MLAI）及净同化率（NAR）

	年份	品种群	气温（℃）	全日射量[MJ/（m²·天）]	CGR[g/（m²·天）] 常规	基无-稀	比率（%）	MLAI[m²/m²] 常规	基无-稀	比率（%）	NAR[g/（m²·天）] 常规	基无-稀	比率（%）
幼穗形成期	1999	中熟	26.0	18.1	28.5	25.5	90	5.9	3.5	59	4.8	7.4	153
		晚熟	26.4	19.1	28.5	24.4	86	6.2	4.0	64	4.6	6.2	135
	2000	中熟	24.6	17.8	24.6	24.2	97	5.1	3.7	73	5.0	6.6	131
		晚熟	24.9	17.3	23.6	22.0	93	5.4	4.0	75	4.4	5.5	125
	2001	中熟	22.7	15.5	25.5	22.0	86	5.6	3.7	66	4.6	6.1	132
		晚熟	22.2	14.2	21.7	20.7	95	5.3	3.7	69	4.1	5.6	138
	平均				25.4	23.1	91	5.6	3.8	67	4.6	6.2	136
结实前半期	1999	中熟	25.3	15.1	15.8	17.5	114	5.9	3.7	64	2.7	4.7	180
		晚熟	24.1	12.3	12.6	15.7	130	5.8	3.9	68	2.2	4.0	189
	2000	中熟	24.1	19.2	28.1	25.2	90	5.3	4.4	82	5.3	5.7	109
		晚熟	24.0	18.7	25.9	22.8	89	5.7	4.5	79	4.6	5.1	114
	2001	中熟	22.8	15.8	15.9	18.3	116	5.2	3.8	73	3.1	4.9	158
		晚熟	22.8	16.4	18.6	19.2	104	4.8	4.0	83	3.8	4.8	126
	平均				19.5	19.8	102	5.5	4.1	74	3.6	4.9	135
结实后半期	1999	中熟	21.5	10.9	10.9	11.3	104	4.4	2.9	67	2.5	3.9	158
		晚熟	21.2	10.8	9.3	9.4	101	4.2	3.1	75	2.3	3.0	132
	2000	中熟	21.7	10.2	11.1	11.3	102	4.6	3.8	83	2.4	2.9	120
		晚熟	21.7	9.5	10.2	12.1	119	4.9	3.7	77	2.1	3.2	157
	2001	中熟	20.8	12.4	10.8	14.9	138	3.7	3.2	87	2.9	4.8	164
		晚熟	20.3	12.3	11.6	15.2	132	3.9	3.4	87	3.0	4.6	152
	平均				10.7	12.4	116	4.3	3.4	78	2.5	3.7	147

注：① 中熟品种："秋田小町""旗印""福响""岩南 7 号"；晚熟品种："可爱""中意""奥羽 316""一见钟情"。
② 幼穗形成期：颖花原基分化至齐穗期；结实前半期：齐穗期以后 20 天之间；结实后半期：齐穗期以后 20 天至 40 天间。

（Pham et al.，2004 年部分有更改）

　　首先比较株高，基肥不施用氮肥稀植栽培的株高要比常规栽培低5~10 cm。图5表示了上部3节间以及下部2节间的长度。可见，上部3节间的长度各品种间没有差异，而容易出现挫折型倒伏的基部第4，5节间的长度，则基肥不施用氮肥稀植栽培的明显短，高秆品种缩短的程度更加明显。与常规栽培相比，基肥不施用氮肥稀植栽培的秆长缩短，所以下部节间的负重减轻，越是秆长的品种其减轻的程度越明显。

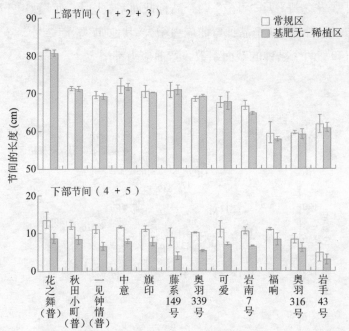

图5　不同栽培条件下上部3节间（上）及下部2节间（下）的长度

注："普"表示该品种已普及。

　　与倒伏程度密切相关的是倒伏指数①与秆长的关系。各种栽培

---

① 倒伏指数：带叶鞘的第4节间中央部的挫折负重与地上部力矩（挫折部位到穗端的长度 × 稻体鲜重）的比率。

条件下，它们都呈显著正相关关系。同时，其回归倾向显示基肥不施用氮肥稀植栽培较小。与常规栽培相比，基肥不施用氮肥稀植栽培的倒伏指数较小，长秆品种此种倾向更明显。

为了比较由栽培管理引起的茎秆的物理性质差异，图6表示出了能描述第4节间的茎秆横截面组织大小的截面系数与弯曲应力间的关系。无论是常规栽培还是基肥不施用氮肥稀植栽培，随着截面系数的增大，用以表示茎秆材质的弯曲应力反而减小。茎秆挫折时的力矩，基肥不施用氮肥稀植栽培明显比常规栽培要大。其中，"花之舞"及"可爱"两个品种截面系数增大，而"秋田小町"与"一见钟情"两个品种弯曲应力增大，其他如"岩南7号"与"藤系149"两个品种的截面系数、弯曲应力都增大。

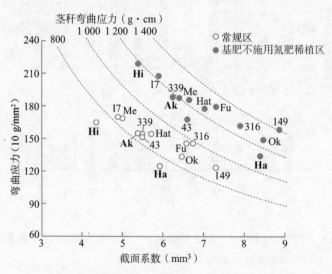

图6 不同栽培条件下第4节间的截面系数与弯曲应力的关系

注：图中添加文字表示品种名，与本文图1同，黑粗体字表示已普及品种。

（pham et al., 2004）

　　因此，除了选育下位节间短而硬的品种外，生育初期通过控氮的施肥管理体系与稀植栽培相结合，可有效增强水稻的耐倒伏性能。

6　对稻米食味品质相关成分的影响

　　有报告认为，相比栽培管理条件、产地，品种对稻米食味品质的影响更大（竹生，1995；稻津等，1982）。近年来，人们对稻米食味的要求越来越高，迫切期盼能稳定发挥优良食味品质特性品种的育成及栽培技术体系的构筑。

　　针对基肥不施用氮肥稀植栽培对稻米蛋白质及直链淀粉含量的影响进行试验，结果发现：采用常规栽培，除了品种间有细微差别外，不同的栽培管理不会影响稻米中的蛋白质及直链淀粉的含量；而采用基肥不施用氮肥稀植栽培，无论品种还是不同的栽培管理，都会显著影响稻米中的蛋白质及直链淀粉的含量。"秋田小町""岩南7号""奥羽316"这3个品种采用基肥不施用氮肥稀植栽培，稻米中的蛋白质及直链淀粉的含量与常规栽培相比显著降低了。

　　图7表示了不同栽培条件下（常规栽培、基肥不施用氮肥稀植栽培）稻米中的蛋白质含量与直链淀粉含量的关系。无论什么样的栽培条件，并没有显示出两者之间一定的倾向性，可以考虑将其按与蛋白质含量的变化相比，直链淀粉含量变化较大的品种，或是两种成分在基肥不施用氮肥稀植栽培条件下都较低的品种，或是不同栽培条件下两者变动均小的品种等进行分类。

　　由图可见，基肥不施用氮肥稀植栽培，能通过降低蛋白质含量，但更多的是通过降低直链淀粉含量，有效提升稻米的食味。

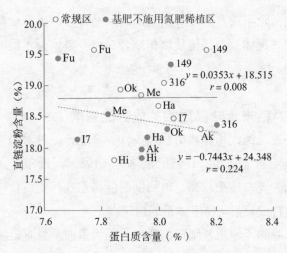

图7 不同栽培条件下稻米的蛋白质含量与直链淀粉含量的关系

注：图中略缩符号表示品种名，同本文图1。

（黑田等，2003）

7 对空疵率的影响

2003年6月第6个候（即6月的最后5天，5天为1候）到7月末（其中除去7月第3个候），长期持续的低温、日照不足，对农作物的生长发育产生了非常大的影响。当年岩手县水稻大幅减产，产量指数只有73，糙米收成只有258 kg/亩，是二战后继1980年（产量指数60，糙米收成195.3 kg/亩）、1993年（产量指数30，糙米收成101 kg/亩）的第三个低产量年。

表4列出了常规栽培和基肥不施用氮肥稀植栽培的齐穗期、总粒数、精糙米产量以及空疵率。其中，齐穗期为8月3日至13日，所有品种的两种栽培法齐穗期只相差1天左右。也就是说，早熟品种对低温最为敏感的减数分裂期经历了长期严重的低温，所以即使栽培管理方面有所差异，但最后在产量方面的差距却不明显。

表 4　2003 年不同栽培条件下各品种的齐穗期、总粒数、精糙米产量及空疵率

品种	耐冷性	齐穗期		总粒数（万粒/亩）		精糙米产量（kg/亩）			空疵率（%）		
		常规	基无－稀	常规	基无－稀	常规	基无－稀	比率（%）	常规	基无－稀	差
花之舞	2	8/3	8/3	2 727	2 334	321	367	114	32.3	14.8	−18
藤系 149	4	8/3	8/4	3 213	2 160	372	375	101	36.6	12.7	−24
秋田小町	5	8/6	8/7	2 907	2 207	219	285	131	53.1	24.2	−29
旗印	2	8/6	8/7	2 987	2 060	441	348	79	21.4	16.3	−5
福响	6	8/8	8/9	3 300	2 393	157	321	204	74.1	33.6	−40
岩南 7 号	3	8/9	8/10	3 053	2 347	331	377	114	41.4	15.7	−26
可爱	5	8/10	8/10	3 120	2 087	217	337	155	63.1	20.1	−43
中意	3	8/11	8/11	3 080	2 087	291	320	110	52.2	26.0	−26
奥羽 316	5	8/13	8/13	3 713	2 527	354	392	111	43.3	13.4	−30
一见钟情	2	8/11	8/12	3 093	2 107	393	363	922	9.6	10.4	−19
平均		8/8	8/8	3 120	2 233	310	349	121	44.7	18.7	−26

注：“耐冷性”一栏中，2 为极强，3 为强，4 为较强，5 为中等，6 为较弱，
　　7 为弱，8 为极弱。

（黑田等，2004）

　　观察基肥不施用氮肥稀植栽培的每亩总粒数，由于栽插穴数比常规栽培的少了 25%，每穴穗数又少 1~3 个，所以整体少了 400 万 ~1 267 万粒。但除去耐冷性强的品种“旗印”“一见钟情”以及每穗粒数大幅减少的“藤系 149”外，其余品种精糙米产量比常规栽培高出 10%~100%。

　　此外，常规栽培区的空疵率，即使耐冷性强的品种也达到了 20%~30%，较常年高出 15%~25%，而耐冷性稍弱的品种“福响”，其空疵率竟然高达 74%。相对而言，基肥不施用氮肥稀植栽培区的空疵率普遍比常规栽培区要低，且两区的差异在耐冷性差的品种上表现得更为明显。

　　以上说明，基肥不施用氮肥稀植栽培区即使在减数分裂期遭遇低温的条件下，其空疵率也明显较低，维持了较高的结实率。

其高产稳产性，在耐冷性差的品种上表现得更为突出。但基肥不施用氮肥稀植栽培减数分裂期遭遇低温，空疵率明显降低的机理迫切需要通过试验加以探明。

8 今后的研究课题

与常规栽培相比，基肥不施用氮肥栽培初期生育受到抑制，但与稀植技术组合后，穗形较大的二次分蘖增多，到齐穗期时两者的生育量已看不出明显差异；进入灌浆结实阶段，由于干物质生产量较大，结实率、糙米千粒重提高，与当初栽插密度的差异相比，总粒数、糙米产量的差异已小得多。由于品种或气候的原因，取得几乎相同产量的实例也有。除了对水稻整个生育过程产生的各种影响以外，基肥不施用氮肥稀植栽培通过降低育苗成本还能为水稻生产低成本做贡献。

近年来，异常气候频繁出现，为了实现基肥不施用氮肥稀植栽培能稳定地获得与常规栽培大体相同产量的目标，必须实实在在地增加每穴穗数和每穗粒数，以确保每亩总粒数。这是必不可少的。

执笔 黑田荣喜（岩手大学）

写于 2009 年

参考文献

［1］竹生新治朗：《米饭的食味》. //竹生新治朗监修：《米的科学》，东京朝仓书店，1995，117—137。

［2］平野贡，山崎和也，TRUONG Tac Hop，黑田荣喜，村田孝雄：《氮素施肥技术体系与稀植配组栽培对水稻生育及产量的影响》，《日作纪》，1997（66），551—558。

［3］石川武男：《检证平成稻米大减产》，家之光协会，1994，

15—102。

[4] 稻津修，佐佐木忠雄，新井利直，长内俊一监修：《米的食味——有关科学和技术》，财团法人北农会，1982，89—92。

[5] 黑田荣喜，中野央子，阿部阳，Pham Qang Duy：《不施氮素基肥的水稻稀植栽培对有关稻米食味成分的影响》，《日作纪》，2003（72）（别2），348—349。

[6] 黑田荣喜，Pham Qang Duy，佐川了：《2003年冷夏不施氮素基肥的水稻稀植栽培空疵率少发，产量变动不大》，《日作纪》，2004（73）（别2），114—115。

以下英语文献略。

乳苗稀植栽培

1 乳苗稀植栽培的提出

1.1 发挥乳苗特性提高省力性

水稻栽培的春季作业和秋收作业一样，工作量相当集中，成为阻碍经营规模扩大的主要原因。解决办法之一是直播稻栽培，很多地方已见到了效果。然而直播栽培对土壤、品种、水利条件、区域土地整治等田间条件以及生产经营规模和田块连片化等都有较高要求，目前还达不到全体种稻农户都能引进的程度。当今的稻作仍然以移植栽培为主，因此，减轻以育苗为中心的春季水稻栽培作业量，是一项紧迫的课题。

乳苗栽培育苗天数短、不需要钢架温室设施、育苗成本低，有望成为省工节本的育苗技术，普及面积正在逐步扩大。但由于乳苗育苗时间短，反而使得播种、整地、移植等育苗作业和大田作业更加集中，同时在早栽地区和温暖地区，由于乳苗的分蘖特性，很容易形成过繁茂现象，产生产量、米质不稳定的问题。

乳苗稀植栽培，每亩栽插数低于1万穴，就可以解决上述问题，并可发挥乳苗分蘖特性，使移植栽培大幅度省工节本成为可能。

1.2 省力效果与经济性

由于乳苗移栽秧龄较小、苗短，可以提高播种密度，与小苗栽培相比，单位面积所需的育苗秧盘数可减少 20%。再加上每亩 0.9 万穴的稀植栽培，使每亩大田必需的育苗秧盘数只有小苗常规栽培的一半，可减少到 7 盘以下，这样可大幅减轻育苗所需作业量，节约育苗器材、种子、农药等材料费。同时，也减轻了秧苗移栽时秧盘的搬运作业及插秧机的载苗补充作业，使春季农田作业的大幅度省力成为可能。此外，由于实行稀植栽培，回避了乳苗栽培容易过繁茂的缺点，乳苗稀植栽培发挥乳苗特性，使水稻省力栽培成为可能。

2 生育特性与产量穗粒结构

2.1 生育特性

（1）分蘖特性与茎蘖数的增加

乳苗栽培从主茎第 2~3 叶（以不完全叶为第 1 叶）的低节位就可以发生分蘖，比小苗栽培降低了 1~2 个叶位（桐山，1994）。乳苗栽培的分蘖旺盛，呈现最高茎蘖数较小苗栽培要多的倾向，因此，容易过繁茂，植株长相较乱、有效茎率较低、茎秆细软等成为乳苗栽培的缺点。

为了探明乳苗栽培分蘖发生的特点，对乳苗稀植栽培和小苗移植栽培的分蘖发生节位、有效分蘖率、有效穗的粒数等进行了调查比较，结果如图 1 所示。

一次初发分蘖发生的节位，乳苗在主茎的第 2 叶节，比小苗低 1 个叶节位；虽然主茎有效分蘖的最高叶节位都是第 6 叶节，但乳苗栽培和小苗常规栽培相比，有效一次分蘖发生的叶节位要多出 1 个。在同样的栽插密度下，乳苗和小苗的有效一次分蘖发生的最高叶节位，小苗比乳苗要高出 1 个叶节位。乳苗稀植栽培由于稀植的原因，和小苗同样节位即第 6 叶节位也能成为有效分蘖。

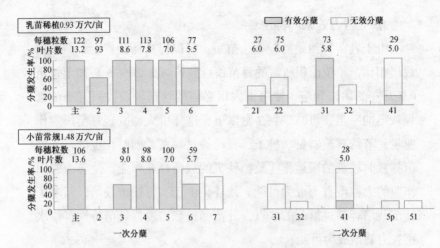

图1 乳苗稀植栽培与小苗常规栽培分蘖发生节位和有效成穗的特征

注：品种为"越光"，1996年4月29日移栽，在每穴4苗中调查1苗，各
处理查5穴，不完全叶计为第1叶。

（神田等，1997）

　　乳苗稀植栽培的二次分蘖发生数也比小苗常规栽培要多，相对于小苗常规栽培二次分蘖大部分是无效分蘖而言，乳苗稀植栽培二次分蘖则有47%有效。由于乳苗稀植栽培具有较强的分蘖发生力及较高的有效分蘖率，即使稀植栽培也可能确保一定穗数。

　　图2显示了每亩总茎蘖数的消长情况。乳苗稀植栽培和小苗常规栽培相比，茎蘖数的水平较低，但有效茎蘖比例较高，穗数也可以同样程度地得到保证。而小苗稀植栽培时就往往达不到预定的茎蘖数和穗数，所以稀植栽培条件下采用乳苗可较小苗更易确保茎蘖数和穗数。

　　图3显示了早栽"越光"水稻个体的分蘖发生消长情况。乳苗稀植栽培的有效分蘖期、最高分蘖期均比小苗移植栽培迟7天，两种栽培方法有效分蘖期大致都是主茎7叶期。

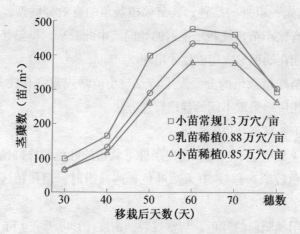

图2　苗的种类和移栽密度对茎蘖数的影响

注：品种为"越光"，1996 年 5 月 1 日移栽，基肥折纯氮 2 kg/亩，追肥折
　　纯氮 1.4 kg/亩。

（三重农技中心）

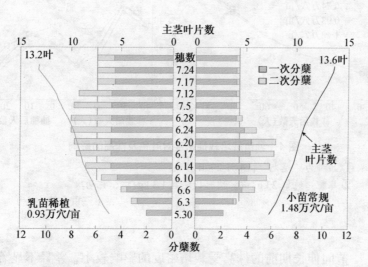

图3　乳苗稀植栽培与小苗常规栽培分蘖发生过程

注：品种为"越光"，1996 年 4 月 29 日移栽，每处理调查 5 株。

（三重农技中心）

"越光"以外的品种，乳苗稀植栽培的有效分蘖期、最高分蘖期也有比小苗常规栽培推迟的倾向。由此看来，早熟品种的最高分蘖期在幼穗形成期以后才出现。

乳苗稀植栽培的分蘖发生特点与小苗常规栽培有较大差异，有必要相应地采取不同的栽培管理方法。

（2）株高与叶色的变化

图4显示了不同栽插密度条件下乳苗的叶色和株高情况。稀植区叶色较浓，移栽50天后叶色普遍减退时，但稀植区叶色相对变化平稳。

施用穗肥前的叶色，与常规栽插密度（1.48万穴/亩）相比，稀植区0.74万穴/亩的稍高，0.93万穴/亩的相当。而施用穗肥后，稀植区叶色继续处于较高水平。

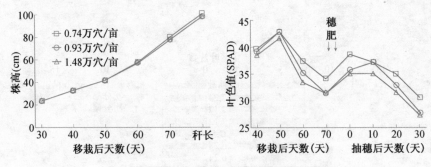

图4　乳苗栽培栽插密度对叶色及株高的影响

注：① 品种为"越光"，4月29日移栽。
　　② 基肥：纯氮2 kg/亩，穗肥折纯氮1.3 kg/亩，施两次。

（三重农技中心）

节间伸长期前的株高受栽培密度的影响较小，差异不显著。由此看来，除了地力肥沃，土中氮素养分较多或基肥用量较大的田块稀植栽培植株可能较高外，一般的肥培管理田块，稀植不会引起分蘖期株高过度伸长。不过穗肥施用后，稀植区叶色维持较高水平，进入节间伸长期后，稀植区植株长势加快，呈现株高增长的倾向。

（3）最适栽插密度

图 5 显示了早栽"越光"水稻乳苗栽培，不同栽插密度时抽穗期群体相对光照照度的比较结果。地上高度 50 cm 和 70 cm 处，越稀植相对照度越高；而地上高度 10 cm 和 30 cm 处的相对照度，常规栽插密度 1.48 万穴/亩与稀植区 0.93 万穴/亩的相同，而稀植区 0.74 万穴/亩的相对照度较高。这个结果表示，0.74 万穴/亩的稀植区光能利用率比 0.93 万穴/亩稀植区要低，可以认为早栽"越光"水稻，0.74 万穴/亩的栽插密度过稀了。

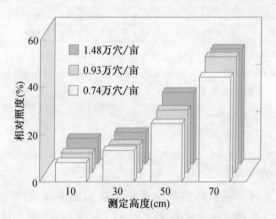

图 5　乳苗栽培栽插密度与抽穗期群体相对照度的关系

注：品种为"越光"，1995 年 4 月 29 日移栽，用 NS- Ⅱ 型照度计测定相对照度。

（三重农技中心）

由于乳苗稀植栽培的穗数比小苗常规栽培的少，因此要确保有足够的总粒数，每穗粒数就必须要多。表 1 是不同栽插密度下的产量及穗粒结构情况。0.74 万穴/亩稀植区的穗数只有小苗常规栽培区的 86%，每穗粒数与 0.93 万穴/亩稀植区相同，因此预定的总粒数难以确保。如果每穗粒数增加太多，又担心会对糙米品质产生坏的影响。因此早栽"越光"水稻，乳苗稀植栽培的密度以 0.93 万穴/亩比较合适。

表 1　苗的种类、栽插密度对产量及穗粒结构的影响

| 年份 | 处理 | | 穗数（万穗/亩） | 最高茎蘖数 | 有效茎比率（%） | 粒数 | | 结实率（%） | 精糙米产量（kg/亩） | 千粒重（g） | 未熟米粒（%） | 蛋白质含量（%） |
	苗的种类	密度（万穴/亩）				（粒/穗）	（万粒/亩）					
1995	乳苗	0.74	22.8	31.6	72	86.5	1 973	80.7	416	22.7	18.7	7.97
	乳苗	0.93	24.0	36.9	65	88.3	2 120	86.9	410	22.6	18.1	8.27
	乳苗	1.48	27.5	44.8	61	75.2	2 066	87.3	421	22.5	16.5	8.02
	小苗	1.48	26.2	43.8	60	79.1	2 080	83.2	423	22.2	16.8	7.92
1996	乳苗	0.93	22.4	31.9	70	93.5	2 093	77.6	395	21.7	14.6	7.66
	小苗	1.48	25.5	38.3	67	83.7	2 127	77.5	409	21.7	10.8	7.85

注：① 1995 年 4 月 29 日移栽（小苗 5 月 1 日移栽），1996 年 4 月 29 日移栽。
　　② 品种为"越光"，基肥折纯氮 2 kg/亩，追肥折纯氮 1.4 kg/亩，施两次；移栽方法为 4 苗/穴，手插，行距 30 cm。

（神田等，1997 年部分更改）

（4）耐倒伏性

前面提到，乳苗稀植栽培水稻，株高比常规栽插密度的乳苗栽培或小苗栽培有增长的倾向（见图 4）。因此，像"越光"水稻这样的高秆品种有容易发生倒伏的担心。

用不同熟期的品种进行乳苗稀植栽培，测定其推倒抵抗值，并与同品种的小苗常规栽培做对照。从推倒抵抗值来看，乳苗稀植栽培有大于同品种小苗常规栽培的趋势（见表 2）。此外还可观察到，乳苗稀植栽培的秆基部粗而充实，推测其秆基部抗倒力比小苗常规栽培强。

表2　乳苗稀植与小苗常规栽培推倒抵抗值的比较

品种	单茎秆	单穴茎秆
秋田小町	120	147
越光	122	173
北陆148	102	157
黄金晴	121	172

注：小苗常规栽培推倒抵抗值为100的相对值。测定方法为抽穗后20天前后，
　　用硬度计测定稻株离地10 cm处推至45°倾倒所需力量。

（三重农技中心）

　　此外还可看出，乳苗稀植栽培，即使发生弯曲型倒伏，多数情况也不致达到折断的倒状程度。高秆容易倒伏的说法看来也不一定准确（见图6）。

图6　"越光"水稻乳苗稀植栽培和小苗常规栽培的倒伏状况

注：设定栽插密度为乳苗稀植0.91万穴/亩，小苗常规1.41万穴/亩。

（1997年摄自三重农技中心试验农场）

2.2 产量穗粒结构

（1）穗数

表1是早栽"越光"水稻乳苗稀植栽培的试验结果。最高茎蘖数比小苗常规栽培少16%~28%，但每亩穗数只少了9%~13%。乳苗稀植每亩茎蘖数比小苗常规栽培要少，但有效分蘖率却较高，与两者最高茎蘖数的差距相比，每亩穗数之间的差距要小得多。

正因为乳苗稀植栽培具有这样的特性，单位面积茎蘖数过剩的现象一般不会出现，可以作为早栽"越光"水稻生产稳定化的有效手段。

（2）品种的成熟期早晚与产量穗粒结构的关系

用成熟期、分蘖性不同的4个品种分别进行乳苗稀植栽培和小苗常规栽培，比较它们的茎蘖动态和穗数（见图7）。供试品种的抽穗期"秋田小町"最早，然后依次是"越光""北陆148""黄金晴"。所有品种乳苗稀植的有效分蘖率均比小苗常规栽培高，但其差异程度与品种的早、晚熟性相关。例如，抽穗最早的"秋田小町"，乳苗稀植的有效分蘖率达到90%，这个值非常高，可是因为最高茎蘖数比小苗常规栽培少，每亩穗数的差仍是4个品种中最大的。相反，抽穗迟的"黄金晴"，有效分蘖率较其他品种低，但乳苗稀植的有效分蘖率较小苗常规栽培的高，每亩穗数的差值最小。

乳苗稀植栽培，早熟品种是穗重型产量穗粒结构，与晚熟品种小苗常规栽培的产量穗粒结构相近。从移栽到抽穗期天数和"越光"大体一致的"北陆148"品种，其最高茎蘖数较"越光"要高，穗数的确保就相对容易。

搞清楚什么样的品种更适合乳苗稀植栽培，这是引进该栽培法时非常重要的条件。综上所述，为了有效确保较多的穗数，选用晚熟品种或者分蘖力强、最高茎蘖数多的品种，更有利于乳苗稀植栽培。选用晚熟品种有没有可能进一步降低栽插密度，这需要进一步研讨。

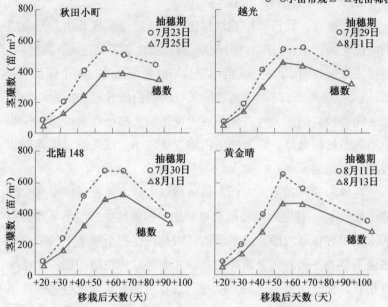

图7　不同品种乳苗稀植与小苗常规栽培间茎蘖动态的比较

注：① 1996 年 4 月 29 日移栽。按抽穗期早晚顺序：（早）"秋田小町" >
　　　"越光" ≥ "北陆 148" > "黄金晴"（晚）。
　　② 栽插密度：乳苗稀植 0.93 万穴/亩，小苗常规 1.48 万穴/亩。

　　　　　　　　　　　　　　　　　　　　　　　　　　　（三重农技中心）

（3）每穗粒数与每亩粒数

　　一般乳苗稀植栽培与小苗常规栽培相比，属穗重型，每穗粒数有增多的趋势。0.93 万穴/亩的乳苗稀植栽培比小苗常规栽培每穗粒数约增加 10%，弥补了穗数的不足，每亩粒数可以确保和小苗常规栽培大体相等（见表 1）。结实率和千粒重则两者间看不出差异，所以其产量能和小苗常规栽培相当。

2.3 乳苗稀植栽培的糙米品质

前面讲过，乳苗稀植栽培相比小苗或乳苗常规栽培，分蘖期的叶色变动较小，即使最高分蘖期过后，叶色也不会过淡。抽穗后，因穗肥带来的偏浓叶色，乳苗稀植栽培叶色维持的时间也较长（见图3）。一般来说，与稻米的食味关联的蛋白质含量和抽穗期的叶色之间有较高的相关性。但从表1可得知，抽穗以后保持较深叶色的乳苗稀植栽培，糙米的蛋白质含量与小苗或乳苗常规栽培并没有什么差别。

在糙米的外观品质方面，稀植栽培未熟米粒有稍许增加的趋势（见表1）。其原因是稀植栽培增加了每穗粒数，但是早栽类型的水稻正好在高温阶段灌浆结实，因此往往一个穗子上的稻粒成熟度不整齐。另外，乳苗稀植栽培和小苗常规栽培相比，抽穗阶段稍有拉长的趋势（见图8），推测这也可能是未熟米粒增加的原因之一。

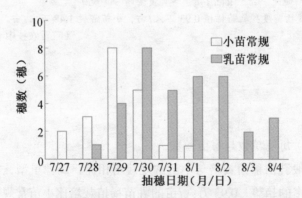

图8 乳苗稀植栽培与小苗常规栽培出穗期长短的比较

注：① 以本文图1的调查植株作为样本，但过迟抽的穗（含小苗常规迟抽的穗）未统计在内。

② 1996年4月29日移载，品种为"越光"。

（三重农技中心）

机插水稻稀植栽培新技术

灌浆结实期间的气温各地不同，在气温较低、灌浆结实缓慢的地区，乳苗稀植栽培就不会有未熟米粒的问题发生。比"越光"晚熟的"黄金晴"等品种，无论乳苗稀植还是常规栽培，未熟米粒发生程度相同，不存在问题。灌浆结实期间气温偏高的地区，如果特别注重外观品质，选用中、晚熟品种比早熟品种更有利。

3　育苗与大田管理的要点

3.1　育苗方法

乳苗稀植栽培就是要利用乳苗旺盛的分蘖能力，因此秧苗素质很大程度上关系着能否确保茎蘖数。

图9是一般乳苗的理想标准：① 50% 以上胚乳残存率；② 苗高 7~9 cm；③ 叶龄 0.8~1.5 叶（不完全叶不计）等（农文协，1995）。胚乳的残存率主要取决于育苗天数和绿化的有无，绿化乳苗必须保证在 7 日以内完成育苗。而苗高、叶龄和育苗的温度管理有较大关系。

这里对育苗方法不作详细叙述。乳苗育苗和小苗、中苗的育苗方法不同，人为管理简单方便，考虑到育苗规模、育苗阶段的室外气温等情况，应计划好发芽期、绿化期的育苗温度和时间安排。乳苗育苗，必要时可以将播种后的秧盘或已经育成乳苗的秧盘贮藏起来，以分散过分集中的育苗作业量，使育苗作业有序进行，更有利于育苗省力化。育苗季节开始

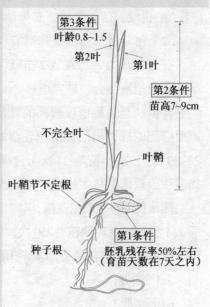

图9　乳苗的3个条件

注：引用自日本农文协《乳苗稻作的实际》。

前，即可将种子准备、播种作业等主要作业提前完成，然后逐步分批育苗，每批只育与某一阶段栽插量配套的必要量，采用集中育苗后将已经育成的乳苗进行储藏这一方法有可能更加省工。

3.2　移植

（1）提高栽插精度

乳苗稀植栽培相比密植常规栽培，栽插发生缺棵时造成的影响更大。乳苗栽插深度达 3 cm 以上时，就会影响分蘖的发生（齐藤，1994）；相反，移栽过浅时，易引起浮苗及除草剂药害。因此，乳苗稀植栽培要求较高的栽插精度。

如果乳苗的质量很好，现在农机商店出售的一般插秧机都可以栽插。但要达到更高的栽插精度，就必须将插秧机上现行的取秧爪换成乳苗专用的片状取秧爪。为了使秧苗栽插姿势良好，可在机械取苗口加装压住秧苗叶尖的压板（棒），而已经安装压板（棒）的机械，压板（棒）必须调整到最低位置。

（2）每穴栽插苗数及其调节

有报告认为，每穴栽 2 苗就可以确保取得较高的产量，但极端的小棵把栽插会使缺穴增多，一般还是以每穴 4~5 苗为好。

育苗秧盘播种密度较高的乳苗要减少每次取苗量。目前，生产上应用的插秧机已经适应乳苗需要，横向送苗次数已经调整为28~30 次(一般小苗是 24 次)，这样可以精确地减少每次的取苗量，提高秧苗栽插的精度，减少育苗秧盘数量。

插秧机的每次取苗范围，纵向是 8 mm，如果横向一个行程 30 次，那么 1 盘秧苗就可取苗 2 250 次，如果每亩栽插 0.93 万穴，那么理论上每亩只需要 4 盘秧苗，实际应用低于每亩 7 盘应该是完全可能的。

3.3　施肥

（1）基肥

早栽的"越光"水稻乳苗稀植栽培（0.93 万穴/亩），其有效分蘖期和最高茎蘖期均比小苗常规栽培迟 7 天左右，而且分蘖期叶色褪淡相对也较平缓，肥料氮和地力氮加起来的肥效比常规栽培持续时间有加长的趋势。

相比基肥的肥效过早结束，总是希望肥效能缓慢释放，因此地力较高的土壤有利于乳苗稀植栽培；地力水平较低的土壤，茎蘖数不足，乳苗稀植栽培取得与小苗常规栽培一样的产量就比较牵强。这种情况下，就要加强肥水管理，使有效分蘖期过后叶色不会急剧下降。具体做法是在叶色刚开始褪淡时进行氮素追肥，或者选用缓释性肥料作基肥。

（2）穗肥

穗肥的施用可参照常规栽培，但与常规栽培相比，乳苗稀植栽培在灌浆结实期与分蘖期一样叶色较深，过程中能看到叶色有缓慢变淡的倾向，为此，是否要将两次施用的穗肥用量减少成只施用一次？不过，乳苗稀植栽培在灌浆结实阶段尽管叶色较深，其糙米中蛋白质含量却并不比常规栽培的高（见表2），因此不降低穗肥的施用量或许也是有可能的，对此有进一步探讨的必要。

（3）肥效调节型肥料的利用

今后，作为省力化技术的乳苗稀植栽培，有可能用肥效调节型肥料作为基肥，形成省去追肥作业、只施一次基肥的省力化施肥技术体系。但前提是必须解决预先设定的水稻生育进程能否与肥料养分的释放时期相一致的难题。

乳苗稀植栽培在有效分蘖期到穗肥施用前这段时间内，其肥效的下降比较平缓，即使肥料的释放与水稻的生育进程不很合拍，对水稻生育的影响也较小，因此它比常规栽培更容易适应只施一次基肥的施肥技术。

采用肥效调节型肥料，需要考虑栽培品种的耐肥性、抽穗的早晚以及地力氮释放量等因素，以决定所用资材的种类及施用量。除了施肥技术，乳苗稀植栽培还必须重视加大堆肥等有机肥的投入，改良土壤，提高地力，才能确保高产、稳产。

3.4 水管理

（1）上水和移栽初期的水管理

如果乳苗移栽后立即上水，就会因浮苗而增加缺棵，所以移栽后 1~2 天内必须保持落水状态，使土壤表面稍稍结皮后再上水。乳苗因叶面积较小，移栽植伤不会像小苗、中苗那样大，但也有因晚霜或极端大风危害出现植伤的担忧，需要采取上浅水防植伤对策。

乳苗栽培为防止生长过旺，常提倡分蘖期深水灌溉。但由于其单位面积的苗数较常规栽培少，不必担心生长过旺。相反，分蘖期的深水会抑制分蘖，造成茎蘖数不足，从而影响产量。因此初期的水管理，建议采取和小苗栽培同样的浅水灌溉，以促进低节位分蘖的发生。

（2）烤田与落水

烤田一般在有效分蘖期或茎蘖数达到目标穗数的 80% 时进行。乳苗稀植栽培的烤田也在有效分蘖期进行，但乳苗稀植栽培的有效分蘖期较小苗常规栽培要迟，所以烤田期也要相应推迟。如果烤田适期正好在梅雨季时，进行田间开沟排水也很有效。

落水以及其他的水浆管理，参照小苗常规栽培即可，但乳苗栽培的抽穗期较小苗栽培略迟，烤田以后的水管理也要注意其生育比小苗栽培迟的实际情况。

3.5 除草

一般稀植栽培由于水稻的封行较迟，杂草发生期也较长。特别是早茬栽培的水稻，初期生育比正常茬口栽培的缓慢，水稻封行前除草剂药效就会消失，后发杂草会造成危害。因此杂草发生较多的田块，为了防止除草剂的药害，要避开移栽当日或移栽后立即施用除草剂，选择可在移栽后隔一段时间才施用的初、中期一次施用、见效时期较长的除草剂类型，或者采取初期剂加配套除草剂的除草体系，使除草效果维持到有效分蘖期。

4　今后的课题与发展方向

目前，主流的小苗移植栽培再结合稀植，实现育苗作业省力化是比较容易的。但与乳苗相比，小苗茎蘖数的确保比较麻烦，若不对现行育苗体系进行改革，小苗栽培特性上的这个缺陷就不能改善，育苗钢架温室开闭作业及灌水作业的困难也不能从根本上得到解决。

乳苗稀植栽培育苗操作容易标准化，任何人都能培育出优质苗，并且能在短时期内完成，为育苗作业大幅度改革提供了可能。乳苗播种后育苗秧盘储藏及育成后的乳苗保存技术上都已可行。将这些技术组装配套，困扰多年的育苗作业过度集中的问题就能得到解决。

最大的问题是适合稀植的插秧机很少。目前正在进行手工栽插 0.74 万穴/亩的稀植试验，但是正在开发中的稀植插秧机很少能插 0.74 万穴/亩的稀植密度。近年内市场上可能会出现适合 0.9 万穴/亩乳苗栽插密度的插秧机，并不是说适合更加稀植的插秧机的开发存在什么问题，而是有没有这种迫切需要目前还不明朗。乳苗稀植栽培法的普及，为更加稀植的插秧机开发与上市提供了可能。

现在，稻米产地间的竞争日益激烈，高品质米的需求高涨，但食味很好的"越光"却被认为采用乳苗稀植栽培法造成了糙米品质略有下降的趋向，给乳苗稀植栽培法留下新的课题。糙米的品质和施肥、水管理有密切关联，从栽培管理方面研究品质改善方法很有必要。相比小苗栽培，乳苗栽培抽穗期根系的活力有可能更高些（森田，1996）；稀植栽培相比密植栽培，生育后期根量的下降也较少（田中，1996）。推测乳苗稀植栽培在灌浆结实期能够维持比较高的根系活性，改善这个时期的栽培管理方法，可能会提高糙米品质。

今后的稻作经营，要进一步扩大规模，但是很多地方无人种田，愈来愈趋向兼业化、高龄化。如果稀植插秧机能普及，乳苗稀植栽培法就能成为兼业农户、高龄农户以及条件不利的丘陵山区的重要推广技术。这种栽培法能否成为水稻大规模经营的省力化关键技术和全区域普及的栽培方法，值得探讨。

执笔　神田幸英（三重县农业技术中心）

写于 1997 年

参考文献

[1]神田幸英，北野顺一，山中聪子：《水稻乳苗稀植栽培的生育和产量穗粒结构的特征》，《日作东海支部报》，1997（123），11—12。

[2]桐山隆：《乳苗移植栽培研究》，《石川县农综试研究报告》，1994（18）18，11—19。

[3]斎藤祐幸：《水稻乳苗的移栽深度与生育的关系》，《北陆作物学会报》，1994（29），62—63。

[4]田中典幸，有马进：《栽插密度对水稻根生育的影响》，《日作纪》，1996，65（1），71—76。

[5]农山渔村文化协会：《乳苗稻作的实际》，1995，24—30。

[6]森田茂纪，荻泽芳和，阿部淳：《水稻乳苗及小苗移栽栽培的抽穗期根系形态比较》，《日作纪》，1996，65（别 1）。

4

第四部分

稀植栽培插秧机械

> > > > > >

△ 插秧（日本兵库县三田市，5月）

穴盘大苗插秧机的开发和亩栽 6 600 穴的超稀植

1 开发稀植插秧机的由来与经过

1.1 会见井原先生

MINORU 产业株式会社自 1979 年开发"穴盘中苗插秧机"以来已经有 30 年了。我们公司致力于事适合稀植栽培的插秧机开发，缘起于与已故井原丰先生的会面。1981 年春的一次展览会上，作为兵库县参会者的我偶然与"手工超稀植栽培"的高手井原先生见了面。1975 年至 1985 年，正是插秧机、拖拉机、联合收割机大举开发应用，日本农业一气步入现代化的大变革时代。1981 年，插秧机的普及高潮已经告一段落，几乎没有人还在手工插秧，就是在那时我与这位"有点怪的老人"见了面。

我们公司 1972 年就开发出了"MINORU 带土中苗移栽机"，它是获得国检第 1 号荣誉的长条形秧毯移栽机。当时该型号插秧机正处于推广的全盛期，我自然向井原先生作了推荐和介绍，得到了他"带土、中苗，每穴插 3~4 苗，生长仍能十分整齐"的评价。他对我说，如果有每穴插 1 苗，株行距 30 cm × 30 cm 的超稀植插秧机，他一定会购买！此番话给我留下了非常深刻的印象。

1.2 执着于超稀植

为什么要把株行距增大到 30 cm×30 cm，而且每穴只插 1 苗呢？井原先生的著作《痛快的稻作栽培》（农文协出版）一书中，有"稀植手工插秧，能长出芒草般粗的茎秆，上面则垂挂着 200 粒以上的巨大稻穗，真是痛快极了"这样一段文字。这就是稀植栽培的出发点。

当时我们刚开发出了穴盘中苗插秧机，就想着这种机型可能可以实现这位"有点怪的老人"的愿望。我将步行式双行、每盘448 穴、每穴播种 1~2 粒种子的滑动式播种机带到了井原先生的秧田，进行了手插秧苗和穴盘秧苗的实证对比试验。

穴盘育秧能培育出符合要求的秧苗，这得到了井原先生的肯定，可是 30 cm×30 cm 株行距的插秧却是个难题。当时的插秧机偏于密植，行距 31.5 cm，株距多数是 16 cm，最高只能调到18 cm。于是我利用该机型原有的田间作业速度与道路行走速度之间有一个互相转换的装置，在井原先生的田里按道路行走速度（刚好是作业速度的 2 倍）行走，成功地做到了 30 cm×30 cm 株行距的超稀植。也就是说，原先 16 cm 的株距被扩大 1 倍，达到了32 cm。井原先生的稻田耕作层较浅，不陷脚，有利于行走，可以跟得上机械的速度。秧苗栽得很漂亮，这让井原先生很是高兴（见图 1、图 2）。

就这样，由于与井原先生的相遇正当插秧机的开发时期，尤其是能插较大秧苗的穴盘中苗插秧机的开发时期，我们公司就和稀植插秧机事业紧密联系起来了。1987 年公司开发出了带旋转犁的速度加倍、可乘坐操作的 4 行插秧机（LPR-4 型）。承蒙井原先生关爱，他很快就购买了这种非常适合稀植，使用又方便的新式插秧机（见图 3）。

1.3 操作简单的稀植插秧机

自那以后，我们公司的插秧机系列产品全部采用齿轮组合装置，供客户做自己需要的插秧株距的选择与调节（见图 4）。

图 1　1979 年开发的"穴盘中苗步行式双行插秧机 LTP-2F-D"

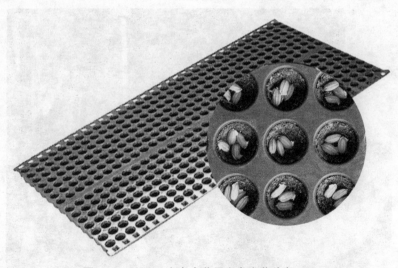

图 2　MINORU 穴盘中苗用穴盘育苗秧盘 448

图3　井原先生购买的适合穴盘秧苗稀插、速度可加倍、
可乘坐操作的 4 行插秧机 LPR-4

图4　株距可选择、替换、调节的齿轮

标准齿轮株距可从 18 cm 调到 24 cm，每隔 2 cm 一挡，假使换个齿轮，仍可以将株距调整到最大 31 cm（见表 1）。新型的穴盘中苗插秧机 RXD-4 和 RXG-8，一键操作即可简单调节到所需稀植株距（见图 5、图 6），同一齿轮组合，有 26 → 28 → 30 cm 的 3 段刻度可供选择。

表 1　MINORU 产业株式会社插秧机的株距一览表（仅限 >20 cm 的）

行距（cm）		33									
株距（cm）	20	21	22	23	24	25	26	27	28	30	31
穴数（万穴/亩）	1	0.95	0.9	0.88	0.82	0.81	0.77	0.75	0.73	0.67	0.65
秧盘数（盘/亩）	23	21	21	20	19	18	17	17	16	151	5
秧盘营养土（升/盘）2.0（含覆土0.6）	46	42	42	40	38	36	34	34	32	30	30
种子（kg）干籽 45 g/盘，3粒/穴	1.6	1.5	1.4	1.4	1.3	1.3	1.2	1.2	1.1	1.1	1.0
机种名 X-2	○	△	○	△	○			△	△		△
RS-41	○		○		○			△		△	
RXD-4	○		○		○		△		△	△	
RX-60	○		○		○			△		△	
RXD-6,RXE-6		○		○		△	△		△		
RXG-8		○							○	○	

注：○表示标准株距，△表示齿轮调节选择株距，每张穴盘有 448 穴。

图 5　可乘坐操作并适用于侧条施肥的穴盘秧 4 行插秧机 RXD-4（NR）

图 6　可乘坐操作的穴盘秧 8 行插秧机 RXG-8

2　每穴栽插的基本苗要减少

大田每穴只能栽插 2~3 苗，插到 5 苗以上时，苗与苗之间就会相互争夺肥料养分和生存空间。为了独占阳光，叶片争相往高伸长，谁强谁就能存活。为培养健壮秧苗进行少苗栽插，使每穴秧苗的生育整齐一致，这是水稻种植的基本技术。穴盘育秧培育中苗，播种时每穴只播两三粒种子，所以穴盘里每穴苗的生长都很整齐（见图 7 至图 9）。

稀植的含义不仅是指株距、行距比较大，还包括培育壮苗、大田每穴少苗栽插等内容。井原先生指导我们要培育茎秆粗壮的水稻植株。当然根的粗度与茎的粗度是呈正比的，茎粗则根也粗。他说："培育壮秧，稀植，每穴少苗栽插，控制施肥，水稻生育会自然正常，水稻种植就会非常顺利、轻松"。

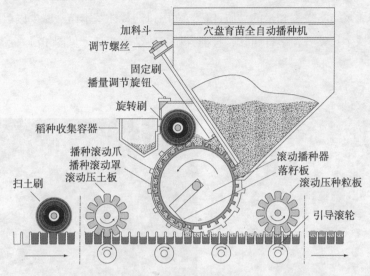

加料斗
调节螺丝
固定刷
播量调节旋钮
旋转刷
稻种收集容器
播种滚动爪
播种滚动罩
滚动压土板
扫土刷

穴盘育苗全自动播种机

滚动播种器
落籽板
滚动压种粒板
引导滚轮

图 7　穴盘育苗全自动播种机（LSPE-4）的构造

图 8　穴盘中苗的长相

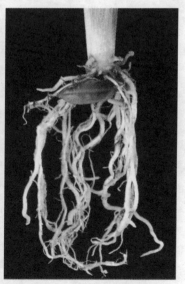

图 9　穴盘苗的根

稀植栽培，水稻植株直到下部叶片都能接受到阳光，有利于提高灌浆结实效率和米的品质、口感。大田每穴栽插基本苗数减少以后，植株生长整齐，茎秆粗壮，且穗大粒多，结实率高（见图10）。

穴盘育秧的稻　　　一般稻

图10　穴盘育秧稀植穗大粒多（左），植株生长整齐，穗形也整齐（右）

3　稀植+有机无农药种出很了不起的水稻

二战后为了粮食增产，多施农药的水稻栽培方法成为农法的主流。说是农业的现代化，结果严重影响了生态系统，损失很惨重。近来环境保护型农法的呼声非常强烈，2006年12月起有机农业推进法正式施行，对都、道、府、县各级行政自治体的有机农业建立和推广给予大力扶持。全球气候变暖现象带来了病虫害的异常发生，促使了农药更多的使用，这样继续下去，农产品生产者与消费者之间的接点"安全、放心"必将维持不下去。使用化肥的水田，撒布农药的水田，不可能是健康的水田。良田长出优质大米，有机水稻栽培技术是培养对病虫害具有抵抗力水稻的"预防技术"。

健壮的秧苗每穴少苗稀植，使水稻具备的潜力得以发挥，是确保优质大米能安全、放心地传递到消费者手上的措施。

自称"亲近自然、友好环境的老百姓"的赤木岁通先生（冈山市东区升田）正在从事这样的稻作实践，现将他的事例介绍如下。首先请看一下图11中水稻豪华奔放的长势长相。

图11 赤木先生的水稻长势充满生机

注：①②③ 8 月 12 日，移栽后 2 个多月，充满活力的水稻植株在阳光照耀下呈现的刚健长相与穴盘秧苗有很大关系；④ 9 月 12 日抽穗期，特别粗壮的茎秆上长出大穗，有望大丰收；⑤⑥⑦ 10 月 18 日，沉甸甸的黄金色稻穗，行间不见杂草；⑧ 10 月 20 日，开机收割；⑨ 大而饱满的稻谷。

3.1 开花期油菜抑制杂草

赤木先生的"开花期油菜抑草稻作"技术，不使用农药，成本超低，更重要的是，它是非常轻松快乐的稻作栽培法。开花期的油菜田成为人们游乐的场所，美丽的景观让过往的人们觉得心里暖洋洋的。

开花期油菜抑草效果显著，田间完全不见杂草。油菜花耕翻以后植株逐步腐熟的过程与水稻的生育十分合拍，水稻缓慢健壮的生育使害虫的寄生大幅减少，如此生产的无农药有机米非常受市场欢迎，具有较高的附加价值。"油菜花大米"受到很多消费者的支持，展现出今后日本农业的发展前景。具体做法如下：每年 2 月撒布鸡粪堆肥后，播种油菜、芥菜、虞美人等种子，到了开花季节作为儿童游乐场开放；待到残花状态，大约离栽秧还有 15~25 天时将其耕翻入土（见图 12），过 10 天后再浅耕一次，使之成为绿肥；栽秧后灌 8~10 cm 的深水，阻断空气和光（见图 13），抑制稗草等湿生杂草发生。作为绿肥的油菜花由于茎秆较硬，腐熟比较慢（见图 14），在较长时间内不断会有有机酸产生，能烧死鸭舌草等杂草的幼芽及幼根，抑制水生杂草。

图 12　将开花中的油菜植株翻埋入土

图 13　移栽后 15 至 25 天内，穴盘中苗能耐 8~10 cm 的深水管理（6 月 29 日）

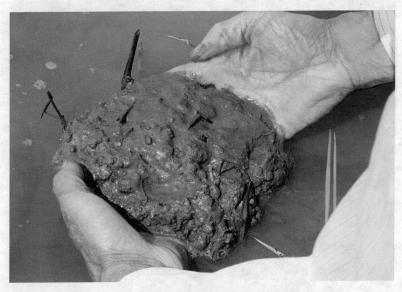

图 14　埋入土中的油菜茎秆已经腐熟（6 月 29 日）

3.2　稀植栽培的实际情况

　　稀植栽培必须培育出对病虫害有较强抵抗力的水稻。每亩栽插 6 700 穴、每穴 2~3 苗、4.5 叶以上的穴盘中苗，大田穴内有充分的空间，光能直照到植株基部，没有叶片郁蔽枯萎现象（见图 15），不发生植株间竞争，茎秆粗壮，呈开张株型。由于油菜茎秆缓慢腐熟，稻株根系吸肥较慢，叶片颜色较淡。另外，中苗移栽的秧苗较大，移栽后深水灌溉，有利于防止稻飞虱入侵，不容易成为虫窠。

图 15　稀植大田的秧苗

　　每亩 6 700 穴，行距 33 cm × 株距 30 cm 的超稀植，每亩只需 15 盘育秧苗（见图 16），比行距 33 cm × 株距 18 cm 的 25 盘减少 40%，营养土、种子、秧田面积都大幅减少。稀植栽培既是有机无农药米生产的出发点，又是水稻省力栽培和降低成本的第一步。

图 16 秧田中的秧苗

3.3 价格高出一倍，成本却减 9 成

如今在日本，一般都认为从事农业已不能赚钱，尤其是种植水稻，随着米价下落呈现赤字，愿意种田的年轻人愈来愈少。可是赤木先生的水稻种植却既快乐又赚钱。下面看一下他的会计数字。

一般米的贩卖价格，每俵（60 kg）是 1.2 万 ~1.3 万日元，可是赤木先生的无农药有机米的行情是每俵（60 kg）2.4 万日元，比普通米高出 1 倍，每俵的价格差达 1.2 万日元。按每亩 5.3 俵的产量计算差价就是 6.36 万日元。那么种 15 亩水稻就可增加销售收入 96 万日元。

另外，还有节省成本的账。表 2 是赤木先生与一般农户种水稻的成本比较，赤木先生的水稻种植成本只需一般农户的 12%即可。

表2　赤木先生的有机无农药栽培与一般栽培的成本比较

日元/亩

项目	赤木先生的有机无农药栽培		一般栽培	
	成本	金额	成本	金额
土壤改良剂	无		土壤改良剂 130 kg	4 400
基肥	干燥鸡粪 200 kg	1 400	复合肥 27 kg，磷肥 13 kg	5 300
追肥	无		硅肥 27 kg	3 600
穗肥	无		复合肥 13 kg	1 900
药剂费	无		除草剂	1 900
	无		秧盘农药	2 700
	无		抽穗前农药	2 100
绿肥	种子	1 400		
合计		2 800		21 900

注：2009 年 1 月测算。

　　销售价格差和成本差两者相加，如果种 15 亩水稻，则赤木先生与一般农户的收入差可达到 124.8 万日元。通常情况下通过扩大水稻种植规模降低成本的效果并不明显，但像赤木先生这样大幅度降低生产成本，扩大种植规模的好处就很可观了。

　　稀植再加上每穴少苗栽插和有效抑制杂草的方法，使田间管理变得很轻松。有机肥作基肥后不再追肥，高能率、高效益的机械熟练操作又缩短了劳动时间。所以说节减成本的要诀是创意和功夫。

　　现今日本的种稻农户积极性不高，采用穴盘育苗进行有附加价值的大米生产，可引导农业走向环境亲和方向，给消费者送去安全、放心。衷心祝愿这样的快乐种稻模式不断发展。

　　　　　　　执笔　藤原正志（日本 MINORU 产业株式会社）

　　　　　　　写于 2009 年

小苗稀植栽培及其专用插秧机的开发

1　稀植栽培插秧机开发的由来

据说明治中期（译注：公元 1900 年前后），有一种叫"田车"的除草工具被开发出来后，就有人开始采用纵、横各 1 尺（33 cm）的株行距间隔插秧。至于是什么原因，就说不清了，反正从那开始直到插秧机普及很长的手插秧年代，始终有人采用 33 cm 株行距（"尺角"或称正方形条栽）超稀植的插秧方法（见图 1）。

昭和 40 年代后半期（译注：1970—1975 年）开始，插秧机很

图 1　手插秧

快普及，效率显著超过手插秧，接着又开发出了效率更高的、可乘坐操作的插秧机械（见图2），并促进了与此类机械相适应的倾向于"小苗密植"的稳产高产技术的推广应用。

图2　可乘坐操作的插秧机

　　尽管这样，仍有一些农户从水稻合理生育角度和节省生产成本考虑，认同稀植观点，并各自下了功夫，把秧插得稀稀拉拉的。另外，作为低投入、环境保护型稻作技术典型的有关稀植栽培的研究，以1995年东京大学松崎教授为代表的国立、公立7所大学都有相关报告，研究机构的有关报告也并不少见。

　　井关农机株式会社着手稀植插秧机的商品化开发，直接的机遇是1993年熊本县农协有关人员的开发建议。此后，从1996年到 1998 年，通过熊本县经济连及各级农协对试产样机开展田间实际操作示范试验，确认了与机械相关的水稻育秧、生育、产量的稳定性及降低生产成本的可行性。到 1999 年，就在一部分机型上装设了能达到每亩栽插 0.75 万穴稀植程度的装置。到 2002 年，大体全部机型上都装设了可实现每亩栽插 0.75 万穴稀植的标准装置（见图 3）。同时通过熊本县经济连的推进，发挥行政作用，得到了熊本县的"低成本稻作推进对策事业"项目补助，促进了此类插秧机的迅速普及。

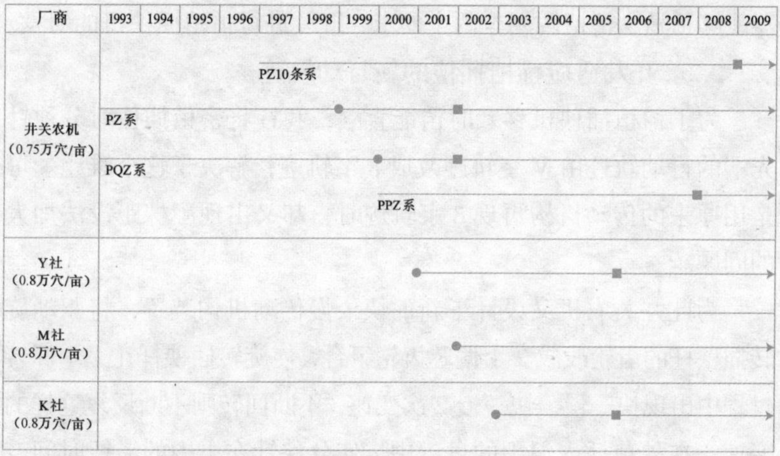

厂商	1993	1994	1995	1996	1997	1998	1999	2000	2001	2002	2003	2004	2005	2006	2007	2008	2009

注：● 型号确定，■ 标准装备。

图 3 稀植插秧机的开发经过

2 稀植、密植两用插秧机的开发

2.1 密植插秧部件操作时的行动轨迹

我们所说的稀植是指行距 30 cm 不变，株距也是 30 cm，每亩插 0.75 万穴的栽插密度。此外，也包括每亩插 0.85 万穴的栽插密度。但是稀植加大株距以后，插秧时会出现一个问题。

原来的插秧机株距是按 14~22 cm 设置的，为了确保插秧时秧苗能直立地插入泥中，按这种株距要求进行了栽插动作的轨迹设计。可是将株距按稀植要求扩大以后，仍按这种轨迹动作，分秧针先端却形成了 V 字形行动轨迹，秧苗会被过度推向前方，插入泥中时秧苗前倾，不是直立向下，而是被插斜了。

为此，井关农机将旋转插秧杆的一侧部件取下，通过定做重新装上了适合稀植的组合部件，但是装上这种部件后又不能适应密植的株距要求了。这样就产生了一台插秧机不能稀植、密植两用的问题。我们针对稀植时确保秧苗直立地插入泥中以及一台机器能够稀植、密植两用这两个要求，继续进行稀植插秧机的研发。

2.2　开发适应稀植插秧的新行动轨迹

为了稀植插秧机移栽时苗能直立，我社将密植插秧时分秧针先端的行动轨迹由 V 字轨迹改成 8 字轨迹，解决了这个难题。可是用原来的传动机构再现 8 字轨迹时，却又出现了株距没法加大的问题。

为此井关农机又设计了新的快→慢传动机构装置，将驱动旋转插秧杆的齿轮改成 2 个偏芯齿轮组合，使旋转插秧杆在 1 个回转过程中出现快→慢→快→慢 2 次变速，不断回转则不断反复这样的变速。在秧苗插入泥土的过程中，使分秧针在土中的滞留时间变短，这样既可以描出 8 字轨迹，又能解决秧苗向前方倾倒的弊病（见图 4）。

但是这个快→慢传动机构装置只能在稀植移栽时有效，如果密植移栽，则仍然要恢复原来的传动机构装置。为此，要分别在稀植传动机构与密植传动机构两方各装一对齿轮，采用移动按键的方式，按稀植、密植要求替换相应的传动机构装置。稀植时采用形成快→慢传动机构的偏芯齿轮组合，密植时采用原来的传动机构。

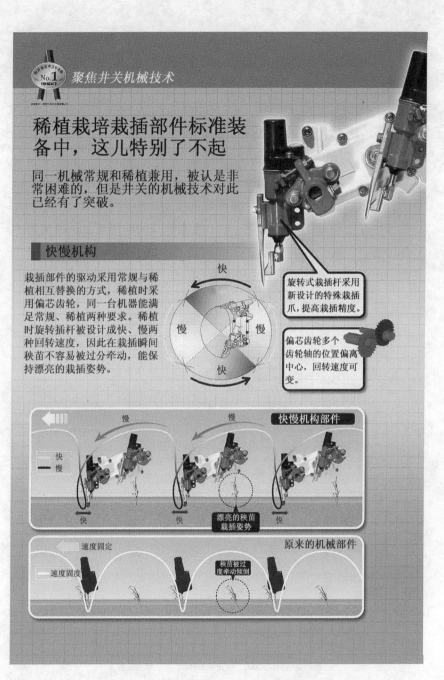

聚焦井关机械技术

稀植栽培栽插部件标准装备中，这儿特别了不起

同一机械常规和稀植兼用，被认是非常困难的，但是井关的机械技术对此已经有了突破。

快慢机构

栽插部件的驱动采用常规与稀植相互替换的方式，稀植时采用偏芯齿轮，同一台机器能满足常规、稀植两种要求。稀植时旋转插杆被设计成快、慢两种回转速度，因此在栽插瞬间秧苗不容易被过分牵动，能保持漂亮的栽插姿势。

快
慢　慢
快

旋转式栽插杆采用新设计的特殊栽插爪，提高栽插精度。

偏芯齿轮多个齿轮轴的位置偏离中心，回转速度可变。

慢　　　　慢　　　　快慢机构部件

快
慢

快　　　　快　　　　快

漂亮的秧苗
栽插姿势

速度固定　　　　　原来的机械部件

速度固定

秧苗被过
度牵动倾倒

图4　稀植栽插专用的快慢机械部件

2008 年在最后一台"4 行乘坐式曲轴插秧机 PPZ4 型"上安装了稀植标准装置。2009 年,"10 行插秧机 PZ100 型"也安装了稀植标准装置。以上系列技术在 1986 年申请并获得了专利权。

3 稀植栽培的好处

3.1 育苗成本减半

亩栽 0.75 万穴的稀植栽培比常规栽培育苗秧盘数约减少一半,所以秧盘费、种子费、育苗营养土费、农药(秧盘处理剂)费等生产资料费用均能减少一半;灌水等育秧期用工及苗的搬运费用等也能减少一半。假如购进秧苗,稀植亩栽 0.75 万穴,购置费用也比常规栽培少一半(见图 5)。

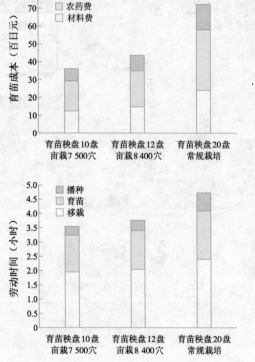

图 5 稀植栽培削减育苗成本,缩短劳动时间(以 1.5 亩计算)

3.2 缩短作业时间，减轻劳动强度

现在搬运秧苗成为栽秧过程中劳动负荷最大的农作业。亩栽0.75万穴的稀植，比常规栽培育苗秧盘数少了一半，劳动时间大幅缩短（见图5）。尤其是这类作业大多由女性承担，因而减轻的是以女性为主的辅助劳力。

3.3 确保产量与品质

这是关键所在。

① 稀植栽培的水稻植株呈开张型，受光态势好，光合作用能力强。

② 茎秆粗壮，茎内维管束数目多，一次枝梗多，所以每穗着粒数多。

③ 茎秆粗壮，抗倒伏能力强。

④ 稻株间通风性好，降低了温度和湿度，病虫害轻。

因此稀植栽培能确保产量和品质。

4 稀植栽培的基本思路

4.1 确保粒数和穗数

稻米生产的基本目标是产量与品质。不同品种、不同地区及不同的田块地力，产量与品质的标准值也不一样。品质与糙米的大小、淀粒的充实情况（充实度）关系较大。食味与蛋白质含量关系较大。

产量当然与糙米的千粒重有关，虽说单位面积的籽粒数（最终是精糙米的粒数）是起决定作用的，可也不是愈多愈好。品种之间存在差异，如"越光"每亩1 867~2 000万粒是必要的。怎样才能确保这样的单位面积粒数呢？首先要确保一定的穗数，然后确保每穗的着粒数，这样就能确保每亩的总粒数了。

至于具体应该确保多少穗数，不能一概而论，各县都有不同品种的穗数指标，大体都在每亩24万穗以上。再根据单位面积

的栽插穴数，即可算出每穴要确保的穗数。例如，每亩栽 1.2 万穴的密度，每穴就得要 20 个穗子；每亩栽 0.75 万穴的密度，每穴就得要 32~33 个穗子。本来，稀植栽培的穗子每穗着粒数比常规栽培要多，即使每穴得不到 32~33 个穗子，往往也能确保与常规栽培同等多的籽粒数。

4.2 不同栽培地区有不同的分蘖对策

大家最担心的是如何确保获得每穴 30 穗左右的穗数。穗数来自分蘖总数中能有效成穗的部分，所以为了得到相当多的有效穗，一般都会想：是不是争取每穴总分蘖数尽可能多一点呢？

但结论怎样呢？分蘖数是有过之而无不及。当然，北日本地区或高海拔地区及水温很低的地区，应另当别论。这些地区必须采取通过促进分蘖确保必要的有效茎蘖数的栽培技术。可是其他地区（包括福岛县以南，含新泻县），通过"抑制无效的、过度的分蘖，确保单位面积必要的穗数"才是稀植栽培的基本技术。

请看一下稀植栽培与常规栽培不同分蘖动态的坐标图（见图 6）。图中能很清楚地看出，稀植有效分蘖比例非常高，确保单位面积的茎蘖数比较容易。

下面通过产量构成要素来说明稀植栽培为什么能确保一定的产量：

① 每亩 1.2 万穴栽插密度时，22 穗/穴，75 实粒/穗，糙米千粒重 22 g，结实率 85%，产量为 374 kg/亩。

② 每亩 0.75 万穴栽插密度时，32 穗/穴，85 实粒/穗，糙米千粒重 22 g，结实率 85%，产量为 376 kg/亩。

以上虽是个别案例，但有相当的代表性，反映了稀植栽培的基本产量结构特征。

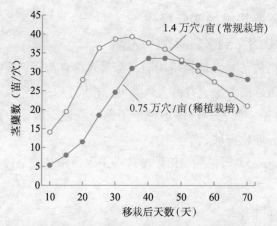

图6 常规栽培与稀植栽培茎蘖数的动态变化比较

4.3 茎秆变粗

只要能控制过剩分蘖,稀植栽培茎秆粗壮的特点就能充分体现。茎秆变粗,就能确保茎秆内部一定的维管束数,因此穗的一次枝梗数就会增多,每穗着粒数就会比常规栽培增加(维管束数与一次枝梗数的增加是同步的,见图7)。

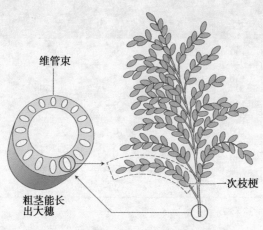

图7 维管束数与一次枝梗数的关系

5 稀植栽培的实际操作

5.1 从育苗到移栽的操作程序

稀植用秧苗与常规栽培相同，都是穴盘育苗，只要能培育出健壮的秧苗，播种量、育苗天数就可以相同。

① 育苗：脱芒→选种→种子消毒→浸种→催芽→播种→出芽→绿化→硬化→移栽。

② 大田：大田耕翻→田埂整理→上水→施基肥→耖耙平整→栽插。

5.2 选种

盐水选种，比重为1.13。健壮的秧苗来自优良的种子，因此优良的种子是根本。

5.3 播种量

干籽130 g/盘时，每穴插3~4苗，每亩用6.7盘（见表1）。培育壮秧，播种量不能过密。

表1 播种密度与每亩必要秧盘数

穴数（万穴/亩）	播种量（g/盘）		必要秧盘数（盘/亩）	送苗槽横向往返次数	纵向抓秧距离（mm）
	干籽	催芽籽			
0.75	100	125	9	24（标准）	14
	130	160	7		11（标准）
	150	190	6		10
0.85	100	125	10	24（标准）	14
	130	160	8		11（标准）
	150	190	7		10

注：每穴均插3~4苗。

5.4　秧田管理

绿化、硬化阶段不能徒长，注意通风、采光、温度管理。每长1叶压苗1次（1.5叶期以后，隔4~5日用滚轮与上次相反方向交替压苗），这是近年来引人注目的培育壮苗技术。秧苗徒长后分蘖力降低，冷凉地带常引发茎蘖数不足的状况。

5.5　大田准备

耕翻尽量深些，耕作层浅了肥效不易持久，扎根也浅。最近开发的水田犁等作业机械，能提高耕翻深度，也有利于将秋收留下的稻草翻入土中分解，逐步培肥地力，并避免插秧后田里产生沼气泡。

5.6　移栽

我社插秧机的基准是稀植0.75万穴/亩及0.85万穴/亩，并装有稀植、密植变换推进杆。先将推进杆变换到稀植一侧，然后选择0.75万穴/亩或是0.85万穴/亩，原则上推荐0.75万穴/亩的插秧密度。

送苗槽的横向往返送苗次数，东北地区选择20次，东北以南地区选择24次；纵向抓秧数量先进行试栽，设定为东北地区4~5苗，东北以南地区3~4苗；栽插深度，浅能促进分蘖，深能抑制无效分蘖。

5.7　施除草剂

常有人提出稀植栽培容易诱生杂草的问题，其实并不是杂草更容易发芽出苗，而是因为稀植较大的株行距空间，对发芽出苗的杂草来说，通风采光好，即稀植给杂草提供了有利生长的环境。这时，重要的是坚持正确的除草剂使用方法，以抑制杂草发芽出苗。在浅水状态下施药，使药剂能均匀地在田间扩散，全田土壤表面均匀分布，形成全面的除草剂处理层（见图8）。

对于杂草多发的水田，推荐采用前处理剂和初、中期处理剂组合使用的杂草防治体系。

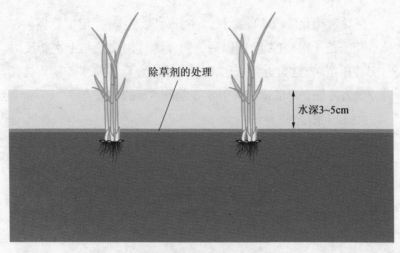

图 8   除草剂处理层的形成

6   稀植栽培的关键

6.1   水管理抑制过剩分蘖

稀植栽培的理论基础是稀植能充分引发出水稻原本具备的潜在能力。为了充分运用好这个潜在能力，从栽培角度讲，必须控制调节好水稻的生育进程。在温暖地区，扩大株行距稀植以后，分蘖变得非常旺盛，就这样放任不管，很可能出现过繁茂状况。而水管理，则是控制调整分蘖的最佳手段。

一种水浆管理方法是烤田，烤田能抑制过剩的分蘖。只要能掌握好烤田开始的时机，就能使稀植栽培成为非常简单的栽培方法。

另一种方法是用深水灌溉抑制过剩分蘖，即用能淹没水稻植株叶耳的灌水深度来抑制水稻的分蘖。这样的深水位一般要达到17 cm 以上，能保持这么高水位的水田是不多的。所以，从普及技术的难易程度来讲，推荐使用烤田的水管理方法。

6.2 减少基肥用量的肥培管理

有一种"倒 V 字（V）形农法"，基肥从零出发，仅仅是运用地力来取得分蘖，然后再在中期偏后追肥。这种农法认为，仅仅为了确保分蘖，是用不到这么多氮素基肥的。

稀植栽培的分蘖一般很旺盛，假如与过去的方法一样施用较多基肥，很容易出现分蘖过剩的情况，适当地减少基肥用量，将其转换到穗肥上来，是稀植栽培的肥培管理方法（见图 9 ）。

7 努力普及推广稀植栽培技术

7.1 设立见证实际效果的示范田

井关农机在稀植栽培插秧机的商品化开发方面领先于其他公司。新型号的推出已经有 11 年了，标准化装备也已有 7 年的历史。遗憾的是，在此期间米价持续低落。但是通过认定的专业种稻大户、以村落为单位集体经营的种稻农场等水稻规模化经营都在不断发展，因此他们对降低水稻生产成本的需求十分强烈。

井关是农业机械制造商，通过系统的销售公司直接与农户进行交易，"让农民容易买到喜爱的优秀产品"是我们制造商的使命。使用我们公司农业机械产品的农户们能因此改善经营，节减成本，增加收入，这是我们公司的衷心期望。

在这个背景下我们认识到，为了实现低成本农业，稀植栽培技术已经处在一个很重要的支撑位置。所以，我们在普及稀植栽培取得成果的大量事例基础上，由农机推销员直接拜访农户，使农户接受并采用稀植栽培技术，在田间地头树起稀植栽培实证示范田的广告板，便于周边农户参观学习。2009 年春由我们直接参与操作的见证实际效果的示范田面积已达 6.75 万亩。

图 9　稀植栽培分蘖的动态变化（大分县玖珠市，品种为"一见钟情"）

注：① 6 月 1 日，移栽，每穴 3 苗，苗高 9~10 cm；② 6 月 21 日，每穴 9 苗，株高 25~26 cm；③ 7 月 2 日，植株呈开张型，每穴 25 苗，株高 36~41 cm；④ 7 月 11 日：分蘖进展顺利，每穴 36 苗，株高 60~63 cm；⑤ 7 月 21 日，最高分蘖期，每穴 37 苗，株高 71~76 cm；⑥ 7 月 31 日，幼穗形成期，每穴 31 苗，株高 81~86 cm；⑦ 8 月 10 日，抽穗期，每穴 31 苗，株高 96~97 cm；⑧ 8 月 21 日，每穴 31 穗，株高 110~112 cm；⑨ 9 月 10 日，灌浆结实加快，接近收获；⑩ 9 月 18 日，收获，结实率高，籽粒充实饱满，糙米产量 436 kg/ 亩，千粒重 23.3 g。

7.2　设立资料采集田

随着参与稀植栽培实践活动农户的增多，公司获取有关栽培技术信息资料的工作变得非常重要。不同区域、不同品种、不同移栽期的栽培技术都有所不同。为了向各地的农户们提供栽培技术建议和意见，首先必须掌握有关各地水稻生育状况的资料。对我们来说，设立资料采集田非常必要。为此，公司与各地的销售企业合作设立了相关的资料采集田。

7.3　举办演讲会、座谈会

对稀植栽培优越性不清楚的农户还有很多很多。举办介绍当地有关稀植栽培事例的活动很有必要。要尽可能多地创造机会，如利用当地的农机展示会等举办稀植栽培演讲会，有时还可以借用当地的公民活动会馆等，召开对稀植栽培有兴趣的农户参加的座谈会等小型集会。在这样的场合，有稀植栽培实践经验的农户的体验发言等，会有很大的参考作用。

7.4　委托公立试验研究机构进行试验研究

仅仅依赖本社自己单独采集的资料，常会使人产生有关客观性、信用度等方面的怀疑。为了充分证实我们的稀植栽培观点，争取得到更大范围的理解和支持，公立机构的有关试验研究参与是不可缺少的。爱媛县、广岛县、京都府、滋贺县、香川县、奈良县、新泻县等都有自己的试验研究资料发表，另外还有一些新的稀植栽培试验项目正在东北、北陆等试验场实施。

7.5　与大学开展共同研究

　　基础研究部分，通过与大学的合作，有关稀植栽培优越性的确认试验已经开始。期待着今后成果的获得，如稀植栽培水稻植株受光面积、根量、叶色、粒数等相互之间的关系。稀植栽培的优越性至今还没有被充分地解释清楚，但我们期待这个低成本技术能更进一步地成为规范化的标准栽培技术。

　　执笔　吉成贤治（井关农机株式会社低成本农业开发研究室）

写于 2009 年

5

第五部分

地区及农户的成功经验

> > > > > > >

△日本埼玉县农户

三重县"越光"水稻稀植栽培技术体系

1 引入稀植栽培的背景

近年，三重县采用水稻稀植栽培技术的农户不断增加。稀植栽培减少了栽插苗数，因此能减少种子用量及育苗场地，育苗所需劳力、秧苗搬运到田头的劳力以及栽插所需时间都能得以减少。尤其是育苗场地的减少，对土地紧缺的城市郊区更为有利。

机械直播栽培技术也能降低成本、节省劳力，但目前仅限于一部分大规模种植农户采用。稀植栽培与直播栽培不同，可以利用现有的机械设备，也不必学习另外的特别技术，在种植水稻的地区谁都可以直接应用，这是稀植栽培的长处。

但是，认为密植能确保产量和品质的农户还有很多。到底适宜的栽插密度是多少，在三重县尚未认真探讨过，大规模种植农户多数尚停留在 1.2 万穴/亩的栽插密度水平上。插秧机引进以后，栽插密度普遍提高，同时期推广的高产栽培技术，则受到了"V字稻作理论"的较大影响。可是，随着插秧机的改进、插秧精度的提高以及近年温室效应带来的水稻初期生育旺盛现象，水稻必要的分蘖苗数比较容易实现，这为稀植栽培技术的推广创造了一定的条件。通过每年在大体相同条件下进行的苗情、产量测定可以看出，近年最高分蘖苗数有增加的倾向（见图1）。

由于以上种种原因，三重县展开了系统的水稻稀植栽培技术试验，探讨稀植栽培对产量及糙米品质的影响，明确适宜的栽插密度及相应的肥培管理技术，以消除对导入该项技术尚处犹豫状态农户的不安，普及有望成为低成本、省力技术的稀植栽培。

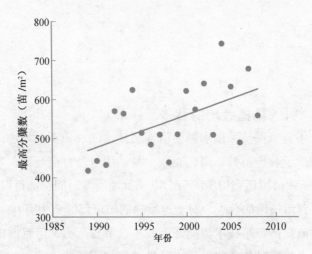

图1 产量测定定点试验田历年最高分蘖数的动态

注：品种为"越光"，栽插密度为1.4万穴/亩，移栽期为4月下旬。

2 稀植栽培水稻的生育及产量构成的特点

三重县"越光"品种的种植面积占80%，所以稀植栽培试验主要采用"越光"品种。以下依据三重县农业研究所（松阪市）实施的"越光"栽插密度试验结果，讲述稀植栽培水稻的生育特点。

2.1 生育特点

（1）茎蘖发生动态及穗数

栽插密度愈低，平均每穴茎蘖数愈多，但单位土地面积的茎蘖数则愈少，单位土地面积的穗数也愈少（见图2）。

稀植栽培的最高分蘖期推迟，分蘖成穗率较高。

（2）叶色的动态

栽插 40~50 天以后直至灌浆成熟期，栽插密度愈低，叶色愈浓（见图3）。稀植栽培水稻的单位土地面积干物质生产量，全生长过程都较小，所以相对的叶片中氮素浓度较高。

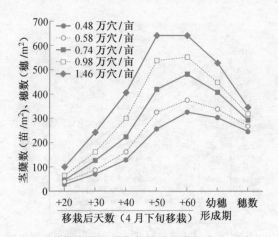

图 2　栽插密度和茎蘖数的动态变化（2007 年）

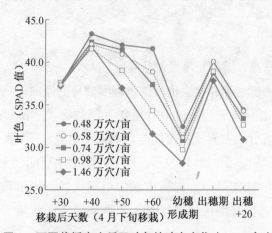

图 3　不同栽插密度稻田叶色的动态变化（2007 年）

（3）叶面积的动态

栽插密度愈低，叶面积指数（LAI）愈小，地表面的相对光量子密度愈高（见图4）。出穗前30天，稀植的植株呈开张型，长势清新亮丽（见图5）。下部叶片能受到较多光照，具有良好的受光态势。但是田面受光较好也会促进杂草生长，要注意做好杂草防治。

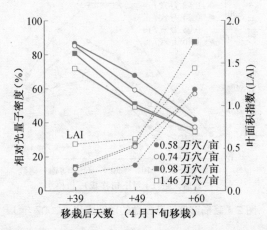

图4 栽插密度与叶面积指数（LAI）、相对光量子密度的动态变化（2008年）

（4）株高、节间长度及倒伏程度

栽插密度愈低，就会出现倒伏程度愈轻的倾向（见表1），但株高有稍稍变高的情况，不过植株下部的第4、第5节间长度，却看不出有什么差异。这可能与栽插密度愈低，下部的受光条件愈好有关。单茎的绿叶片数多，加上叶鞘部茎秆的茎围粗，这些条件都能增加支持力，提高植株的耐倒伏性。稀植栽培提高耐倒伏性，对容易倒伏的"越光"品种来讲，在栽培方面是十分有利的。

图5　抽穗前30天的长势长相

注：图左为 0.90 万穴/亩，图右为 1.4 万穴/亩。

表1　栽插密度和秆长、节间长及倒伏程度的关系（2006年）

栽插密度 （万穴/亩）	倒伏程度 （级）	秆长 （cm）	节间长（cm）					
			1	2	3	4	5	6
0.48	0.5	102	41.9	21.5	19.5	12.6	5.8	0.8
0.58	2.3	101	40.6	21.1	20.6	13.3	5.6	0.3
0.75	2.5	102	39.9	20.8	20.1	13.2	6.9	0.8
0.98	4.0	102	39.3	20.7	20.8	14.0	6.6	0.3
1.46	3.8	983	8.4	20.0	19.1	12.9	5.1	0.3

注：移栽时间为 4 月下旬。

（5）出穗期及灌浆结实期

稀植栽培的出穗期稍迟一些，灌浆结实期间也稍长一些。

2.2 产量及产量构成要素的特点

除了极端的低密度，通常情况下栽插密度对产量的影响不大（见表2）。稀植栽培单位土地面积的穗数减少，虽每穗粒数增加，单位土地面积的总粒数仍会稍有减少。但是由于结实率较高，一般仍能获得与一定程度密植同等的产量。另外，稀植栽培的稻草产量稍低，所以谷草比会较高些。

表2 栽插密度和产量及产量穗粒结构构成要素（2007年）

栽插密度 （万穴/亩）	精糙米重 （kg/亩）	粒数 （万粒/亩）	穗数 （万穗/亩）	粒数 （粒/穗）	结实率 （%）	千粒重 （g）	稻草重 （kg/亩）	谷草比
0.48	300	1 800	17.7	102	78.8	21.1	399.3	1.30
0.58	310.7	1 800	18.1	99	80.7	21.4	410	1.29
0.75	322	1 853	19.67	94	81.9	21.3	426	1.24
0.98	322	1 867	20.93	89	80.0	21.6	427	1.25
1.46	334	1 893	22.3	85	81.8	21.6	440	1.23

注：移栽时间为4月下旬。

从以上情况看来，稀植栽培具有植株受光态势良好带来的稻谷生产效率较高的特点。不过栽插密度减少到0.75万穴/亩以下时，会出现千粒重下降的情况，这是需要注意的地方。

2.3 糙米品质的特点

稀植栽培伴随着每穗粒数的增多，由弱势颖花长成的二次枝梗、三次枝梗谷粒所占比例会有所提高，但是却看不到稻米的乳白粒等数量的增加，这表明稀植栽培对稻米外观品质的影响很小。另外，尽管稀植栽培灌浆结实期过程中，叶片颜色始终较深，但是如果产量与密植栽培相仿时，稀植栽培糙米的蛋白质含量并不会提高。

3 稀植栽培的实际操作

3.1 适宜的栽插密度及每穴基本苗数

稀植栽培实际操作时，从降低成本、提高效率角度考虑，当然是尽量插稀一点为好。可是，无论是伊势平原地区还是伊贺丘陵山区的试验结果都表明，每亩0.75万穴以下的栽插密度，产量均较低（见图6）。因此，为了稳定高产，我们判断适宜的栽插密度以每亩0.8万~1万穴为好。每穴栽插的基本苗数则与标准密度同样，即3~4苗。

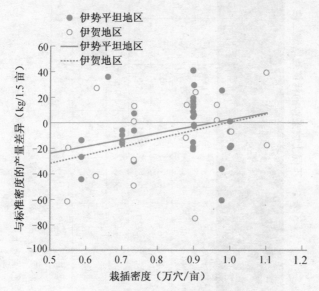

图6　栽插密度与产量的关系

注：标准密度1.26万穴/亩~1.46万穴/亩。

3.2 适宜栽培的地区

稀植栽培在多种土壤条件和栽培条件下的验证结果表明，产量差异不大（见表3），外观品质、糙米蛋白质含量的差异也很小。

表 3　不同土壤条件的稀植栽培适应性

栽插密度	伊势平坦地区							伊贺地区			
	嬉野		五主		木造		西丰滨	森寺		冈波	西汤舟
	2007	2008	2007	2008	2007	2008	2008	2007	2008	2007	2007
速效性氮（mg/100g）	13.5	13.8	13.8	10.6	11.0	17.1	16.0	16.0	17.1	14.4	24.3
精糙米重（kg/0.15亩）　稀植	52.8	60.7	54.6	43.9	53.3	54.3	59.6	61.5	58.3	47.4	66.7
精糙米重　标准	53.1	65.9	53.3	43.5	46.9	52.1	61.9	62.3	56.9	47.8	65.7
精糙米重　标比	99	92	102	101	114	104	96	99	102	99	102
稻穗基部未熟粒率（%）　稀植	9.0	36.2	8.4	26.6	9.6	34.8	26.6	4.8	12.2	7.0	3.8
稻穗基部未熟粒率　标准	7.0	38.8	7.8	36.7	14.1	37.2	36.7	5.0	9.9	8.8	1.5
稻穗基部未熟粒率　稀－标	2.0	-2.6	0.6	-10.1	-4.5	-2.5	-10.1	-0.2	2.3	-1.8	2.3

注：①稻穗基部未熟粒率用 S 公司生产未熟粒测定器测定。
②嬉野、五主、冈波：灰色低地土；木造、西丰滨：黑沙壤土；森寺：潜青土；西汤舟：强青土。

当初曾担心在地力差的土壤地带稀植栽培不能适应，结果并没有出现减产情况，由于生育中期的叶色褪淡情况较轻，产量反而增加。而且发现了稀植栽培成熟期稻穗基部未熟米粒稍有减少的事例。

因此得出了稀植栽培技术适合三重县全境的结论。

3.3 栽插时期

在4月上旬至5月中旬范围内栽插，都看不出对产量和品质的影响。在海拔稍高、平均气温稍低的伊贺农业研究室（伊贺市）试验，5月上旬至下旬的范围内栽插，也看不出对产量和品质的影响。

三重县"越光"水稻品种的栽插时间，通常伊势平原地区在4月中旬至5月上旬，丘陵山区在4月下旬至5月中旬，都适合进行稀植栽培。

3.4 水管理

稀植栽培与常规栽培同样进行烤田作业，也能得到同等的产量和品质（见表4）。另外，稀植栽培如在烤田时不中断氮素养分的供应，倒伏程度虽稍有增大但能增收，糙米蛋白质含量虽稍有提高但乳白粒和穗、枝梗基部未熟粒的发生会减少，外观品质有所提高。

表4　水管理和栽插密度对产量、产量穗粒结构及糙米品质的影响（2007年）

水管理	栽插密度	精糙米重（kg/亩）	穗数（万穗/亩）	粒数		结实率（%）	千粒重（g）	外观品质（级）	乳白粒率（%）	基部未熟粒率（%）	蛋白质含有率（%）	倒伏程度（级）
				（粒/穗）	（万粒/亩）							
不烤田	标准	324	24.4	79	1 927	77	21.7	4.5	3.7	5.1	7.7	3.0
	稀植	358	23.5	90	2 106	79	21.5	4.0	3.2	5.0	7.7	1.8
常规	标准	329	21.1	86	1 807	83	22.0	5.0	4.3	11.2	7.1	1.0
	稀植	333	20.8	89	1 840	82	22.1	6.0	4.2	12.0	6.8	0.0

注：① 稀植为0.90万穴/亩，标准为1.40万穴/亩，移栽时期为4月下旬。
蛋白质含有率为干物换算值。

② 外观品质：1（上上）~9（下下）共9级。

因此，烤田虽要考虑收割时机械作业性能和对倒伏的防止效果，但如能注意适当减轻烤田程度，不要过分强调中断氮素养分供给，稀植栽培则可以提高产量和品质。

3.5 施肥方法

标准密度采用的常规施肥技术体系（分施及全量基肥）用于稀植栽培，并没有看出对产量、糙米外观品质及糙米蛋白质含量有何影响，应该是可以适应的。

不过，稀植栽培与标准密度栽培相比，如果产量水平相同，单位面积的总干物质产量常会低于标准密度栽培。还有，稀植栽培烤田时如不中断氮素养分供给也可以增收等实例表明，稀植栽培可能有比采用常规施肥方法更适宜的施肥技术。三重县近年因灌浆结实期高温，背白粒米、基白粒米的多发成了问题，无论是稀植还是密植，如能提高灌浆结实期的植株氮素营养强度，对减轻白粒米的发生将是有效的。所以今后有必要为了提高产量和品质，对稀植栽培的施肥方法作新的探讨。

3.6 适合稀植栽培的品种

以上有关稀植栽培的论述都是以"越光"品种为主的。我们对成熟期不同的品种对稀植栽培技术的适应性也作了探讨。

探讨结果表明，成熟期比"越光"更早的早熟品种由于穗数不足，每穗粒数的增加不能补偿穗数减少的损失，往往减产较多，此类品种稀植栽培时不适宜过多地减少栽插密度。成熟期比"越光"晚的中熟品种（译注：相当于我国苏南地区的中粳或晚中粳生育期品种），稀植栽培能确保相当的产量，能适应比"越光"更稀的栽插密度。因为此类品种生育过程中容易出现生长过繁茂而招致受光态势恶化的问题，对此稀植栽培能起到有效地防止作用，有利于其稳产、高产。

4　今后的课题

稀植栽培省工、节本明显，而且是一种谁都容易采用的栽培方法，期待今后它能在三重县更大范围内普及。不过，虽说谁都容易采用，但并不等于能很快普及。为了改掉农户现行栽培方法下形成的老习惯，必需坚定稀植栽培信念，在各地开展现场实证试验并展示试验成果等，这是很重要的。

此外，为了进一步降低成本，有关稀植栽培的组装配套技术，如在秧盘内全量施入基肥、增加秧盘播种量、乳苗育苗技术等，都有进行深入探讨的必要。由于稀植栽培与标准密度栽培的生育过程有差异，因此对适宜稀植栽培的施肥技术，今后也有探讨的必要。

执笔　中山幸则（三重县农业研究所）

写于 2009 年

"一见钟情"水稻稀植减农药栽培

——采访宫城县古川市镰田功先生

1　地域概况和镰田先生的农业经营

1.1　区域概况

从古川车站换乘公交大巴向雨生泽出发，沿线是绵延不断的水稻田，远处的山脉轮廓线愈来愈清晰，山脚下坐落的还是水稻田。雨水涵养着山林，汇集了几个湿地沼泽，滋润着良田。人们为了感谢大自然的恩惠，起了个"雨生泽"的地名。雨生泽自古以来以出产上等大米闻名。现在以种菜、养畜为主的农户增加了不少，75户的村落中有62户仍然以务农为生，农业地带的特征并没有改变。由于群山环抱，在宫城县是日照量最少的地方。雨生泽土质属黑色沙壤土，地力较差，当地热心从事土壤改良，早在1971年农田基本建设就开始了。

1.2　镰田先生的农业经营和稀植减农药栽培

镰田先生主要从事水稻"一见钟情"品种的稀植减农药栽培。向仙台市等地消费者直接供应减少农药使用量的特别栽培米，促成了他的稀植减农药栽培事业。镰田先生的经营概要见表1。

表 1　经营概要

品种	"一见钟情"
产量	稻谷 600 kg/ 亩
劳力	本人和妻子，合计 2 人
面积	水稻 30 亩 蔬菜（黄瓜、萝卜、豇豆、盐渍用瓜类、菠菜等）15 亩 果树（梅、苹果、桃、柿）75 亩

　　表 1 中列出了镰田先生的农业经营内容。不同季节种植了不同种类的蔬菜，如黄瓜、萝卜、豇豆、盐渍用瓜类、菠菜等，合计 15 亩。蔬菜全部加工成盐渍菜，在农贸市场直接出售给消费者或者卖给餐饮店。田间生产由镰田担当，妻子从事加工。

　　此外还种有 4.5 亩梅以及少量桃、苹果、柿等其他果树。梅不用说，肯定是用于加工的。镰田先生非常乐意将自己生产的多种类产品直接卖给消费者。他对其中的 0.75 亩苹果和桃尤为用心，卖不卖都无所谓，因为这是他每年送给外孙们的礼物。

　　从农业生产中获得快乐，还能直接听到消费者对产品的回应，以此建立和谐的人际关系，这是镰田先生长期来最为重视的一件大事。他认为，这样做既是为了自身的健康，也是对消费自己产品人群的期待所做的回应，作为农民他为此而感到自豪。

　　因此镰田先生对种好水稻有着强烈的愿望。他从不随便说自己从事的是无农药栽培，而是根据田间实际状态，非用药不可时，会用最少量的药但却是最有效的方法去防治。实际多数情况下，他都是完全不用农药实现每亩稻谷产量 600 kg 的高产的。这是他在对水稻生长规律十分熟悉的基础上对自己提出的严格要求。下面说说镰田先生种植水稻的关键技术。

2 镰田先生的稻作基本技术

2.1 中苗稀植

要做到种水稻不依赖农药，首先必须培育出对病虫害有很强抵抗力的健壮水稻。为此必须构建一个不单以追求高产为目标的水稻栽培技术体系——使用什么肥料，什么时期用，用量是多少为好，怎样进行水管理，怎样才能控制好水稻的整个生育过程，即必须将这些多种多样的关键技术重新组装形成新的技术体系。

镰田先生首先培育叶龄 4.5 叶的中苗，然后以每亩 0.91 万穴的密度栽插。每个秧盘播种量只有 40 g 的稀播（采用 40 g 播量的播种机械），可培育成平均具有 1.5 个分蘖的 4.5 叶中苗，而且秧苗矮壮，苗高只有 13~15 cm，第 1 叶鞘位置长得较低（见图 1）。这样的秧苗以每亩 0.91 万穴的密度栽插，是镰田先生减农药栽培的出发点。

图 1 镰田先生培育的叶龄 4.5 叶的中苗

镰田先生重视培育中苗是因为中苗有以下 3 个优势：

① 有发达的根系，容易活棵，并且生育初期便于深水栽培。

② 与小苗相比，中苗分蘖出生较慢，生育相对稳健，长出的

分蘖较粗壮。

③ 中苗长成的茎秆粗壮，稻穗也大，植株健壮，对病虫有较强的抵抗力。

为了充分发挥中苗的以上优势，镰田先生采用稀植技术，以每亩 0.91 万穴的密度栽插，稻株之间通风透光良好，同时控制稻田群体使其不过大，确保每亩能有约 26 万穗的较高成穗率，同时形成大穗而获得高产。这是镰田先生水稻栽培技术的基本骨架。

镰田先生的稻田 5 月 16 日移栽，以 7 月初幼穗形成期达到每穴平均 30 苗即每亩约 27 万苗为目标。生育前半期不是苗数愈多愈好，而应适当控制，确保每个分蘖苗都能粗壮而充实，下一步能长成大穗。表 2 是他的栽培目标及产量构成要素。

表 2　栽培目标及产量构成要素

稻谷产量（kg/亩）	543~583
栽插密度（万穴/亩）	0.91
穗数（穗/穴）	30
粒数（粒/穗）	100~110
糙米千粒重（g）	22
分蘖成穗率（%）	86
结实率（%）	80

2.2　减少基肥、深水栽培的中期重点型稻作

中期重点型稻作，是相对于"V 字稻作理论"提倡的初期重点型稻作而言的一种稻作技术体系。与"V 字稻作理论"重视确保早期茎蘖数不同，中期重点型稻作强调出穗前 40 天开始要有

较高肥效，重视中后期的分蘖生长。"V字稻作理论"主张充分施用基肥、活棵肥、分蘖肥，生育前半期（移栽后约1个月内）有一个要确保的茎蘖数目标，此后强烤田以中断肥效，幼穗形成期（出穗前25天）开始施穗肥，即所谓肥效曲线呈V字形的稻作技术体系。"V字稻作理论"以必须确保较多的初期茎蘖数为目标，很容易造成生育中期的过度繁茂，稻株间的通风透光状况恶劣，也容易招来病虫危害。镰田先生认为，这种稻作栽培体系是造成今日不用农药很难种植水稻的原因。

以增加穗数为重点的"V字稻作理论"，要求每亩穗数达到30万~32万穗，每穗粒数达到80粒。中期重点型稻作，茎蘖数稳健上升，粗茎大穗，每穗粒数能达100粒以上，每亩穗数能达26万穗多，这样产量就能达到每亩稻谷580 kg。生育中期稻株能充分通风透光，也没有必要按"V字稻作理论"去极力控制肥效，强行使叶片颜色褪淡。镰田先生说："叶色迅速褪淡后又急忙追肥使叶色回升，这样做很容易招来病虫危害。生育中期，是长穗、长高位分蘖、长根（纵深生长的垂直根及横向生长的上部根）、长茎秆节间等水稻重要器官的阶段，如果按'V字稻作理论'盲目控制肥效，就会由于营养失调而减弱水稻对病虫害的抵抗力。"

生育中期要做到高肥效，保证粗茎、大穗，必须像前面说过的那样，培育粗壮的中苗并稀植，然后稳健生长。虽慢了一点，但仍能在幼穗形成期前确保长出必要的茎蘖数。为了实现这样的生育进程，施肥设计要改换成基肥减量，不施活棵肥、分蘖肥，以生育中期施穗肥为重点的方法。如果是穗数型品种"笹锦"，基肥为零；分蘖力较差的"一见钟情"，则如表3列出的秒田前每亩施含纯氮0.7 kg的肥料。如果过多基肥全层施用，生育中期会在较高氮肥水平下度过，形成很多的小分蘖苗并发育成细秆的稻穗，变得很容易倒伏。

表3 "一见钟情"的标准施肥设计

kg/亩

	肥料种类	施肥量	氮	磷	钾	备注
基肥	完熟堆肥	700~1 300				上年施入
	银河1号（8-8-8）	8.3	0.7	0.7	0.7	"笹锦"不施
	Makuhos	26.7	0	4.5	0	镁1 kg
分蘖肥	银河1号（8-8-8）	8.3	0.7	0.7	0.7	目标苗数<50%时
穗肥	①银河1号或酵母敷岛（9-6-6）	8.3	0.7	0.7	0.7	出穗前30天
	②银河1号或酵母敷岛（9-6-6）	6.7~8.3	0.5~0.7	0.5~0.7	0.5~0.7	出穗前20天
	③银河1号或酵母敷岛（9-6-6）	6.7~8.3	0.5~0.7	0.5~0.7	0.5~0.7	出穗前10天
粒肥	银河1号或酵母敷岛（9-6-6）	6.7~8.3	0.5~0.7	0.5~0.7	0.5~0.7	叶色<5.0时

注：Makuhos是一种肥效较高的磷酸镁肥料。

整个6月份，到出穗前40天要实行深水灌溉，逐步把水灌到展开叶片的叶耳处。通过深水抑制二次分蘖的伸长，促进大分蘖开张生长到7月初落水时，这样粗大强壮的分蘖就形成了。要实现粗茎大穗，生育初期的深水灌溉是重要的技术。整个6月份的深水（下面还会谈到）还能抑制杂草，是镰田先生无农药栽培水稻技术体系中不可缺少的重要环节。

2.3 除草新技术——2次耖耙和深水灌溉

除草剂是毒性最强的农药种类，对水稻有很大的影响，它的残留令人担忧。对主张实行无农药栽培的镰田先生来讲，除草对策是他长年研究的课题。

镰田先生采用中苗移栽，插秧1个月内进行15~20 cm的深水灌溉，杂草逐年减少，不用除草剂已不成问题。每隔2年用做埂机械整理一次田埂，确保全田能灌上20 cm的深水。插秧后1个月内如能将杂草防住，以后就不用再担心了。生育中期防止水稻生长过繁茂、促进粗茎大穗的深水灌溉技术，也能起到防治杂草的重要作用。再有，移栽大田初期稻苗就能经受10 cm弱一点的深水，这则是中苗移栽的结果，因为中苗有很强的活棵能力。

不过，深水栽培虽能基本防治住各种阔叶杂草，但却不能完全防住稗草，为了治住稗草，镰田先生采用了2次耖耙的方法。

雨生泽这一带的农户，水稻田大都在4月25日前后耕翻、耖耙，5月6日前后栽插小苗。镰田先生插的是中苗，插秧在5月16日前后，推迟约10天。但是他的耕翻、耖耙时间仍然与一般农户相同，在4月底进行。到插秧前2~3天，他的田里却始终保持着能看到零散露出水面土块的浅水（译注：译者家乡土话叫作"田鸡鼻头水"，指能露出青蛙鼻子的浅水），这样做的结果是能促使土壤表层的杂草种子尤其是稗草种子发芽，在移栽前2~3天再次用旋转犁在不翻动下层土壤的情况下，耖耙表层土壤，就能将发芽的稗子等杂草种子埋没于土中，起到了大田初期用除草剂防治杂草同样的效果，解决了稗草防除难题。

初期杂草通过2次耖耙防治，后面长出的杂草则用深水抑制。深水起到生育中期除草剂的效果，避免了使用除草剂引起的水稻生育停滞。中苗移栽推迟10天，对水稻生育的不良影响也就得到了缓解。2次耖耙加深水灌溉组合而成的除草技术体系得到了确立。

镰田先生还在稻田入水口加上了网眼较细的过滤网，以防治水渠中流来的杂草种子入侵。

2.4　充分利用品种的栽培特性

"一见钟情"是在1991年由原来的"东北143号"正式定名而来的。在此之前，镰田先生就接受了试验场的委托进行了试种。当时因发现了"一见钟情"的耐冷性和对穗稻瘟的抗性，就用其替换了"笹锦",同时还发现了它的很多其他特性,得出了"一见钟情"品种非常适合中期重点型施肥和减农药栽培的结论,现介绍如下:

① 分蘖力虽不如穗数型的"笹锦",但它的大分蘖开张性很强。

② 二次枝梗比"笹锦"少,两个品种都属中熟偏晚类型的中粳稻,出穗期相同,但"一见钟情"灌浆快、结实率高。

③ 株高比"笹锦"低,抗倒伏能力较强。

④ 叶色从秧苗期开始就偏深,吸肥力强,和"笹锦"不同的是,即使生育中期出现叶色不褪淡的情况,也不用担心生育出现混乱。

⑤ 米饭口感黏性与"笹锦"等同,甚至超过。

"一见钟情"品种能确保茎蘖数稳健地增长,生育中期获得较高肥效就能实现粗茎、大穗,这是它的品种特性。穗数型的"笹锦",生育初期容易猛发细分蘖,生育中期如果肥效不回落,生长就会过度繁茂,茎秆节间拉得过长,引起倒伏;再加上二次枝梗较多,影响灌浆结实,给生育中期的田间管理带来较多麻烦。而"一见钟情"生育中期即使肥效不回落也不容易出现过繁茂情况,一次枝梗又较少。当然肥效回落太多,会造成分蘖消退过多、穗形过小的情况。镰田先生的田块,连续多年都施用腐熟堆肥每亩 0.7~1.4 t 培肥地力,地力氮素大都在生育中期得力,所以他种的"一见钟情"能获得有效的地力氮素吸收。

为了让直接面对消费者出售的特别栽培米有较高的附加价值,就需要进行无农药栽培,而且稻米要有很好的食味品质。镰田先生认为,稻米要有很好的食味口感,第一条件是稻子的灌浆结实要好。无论是口感好的优质品种,还是有机栽培的品种,如果栽培不当造成水稻秋季长势衰退,缺乏活力,结实率低,整米率低,大米的口感必然也差。

虽然"一见钟情"有一定的抗倒伏能力,但是如果基肥施得过多或穗肥施得过多,也会造成生育进程混乱,灌浆结实不良。前面讲到，镰田先生在生育中期的 3 个生育转换期，根据田间生育状况，分 3 次施用少量的穗肥，且每次穗肥氮素含量只有 0.5~0.7 kg/ 亩。所用的肥料种类是 9-6-6，8-8-8 之类含有氮、磷、钾三要素及微量元素的低浓度复合肥料。三要素，尤其是磷，因为生育中期水稻对磷酸吸收较多，能缓解氮肥过多造成的生育软弱现象，有利于增强稻体对病虫害的抗性，提高灌浆结实能力。另外镁、钙等微量元素的加入，对改善食味品质也有好处。

2.5　看叶色及天气施用接力肥和穗肥

从图 2 中可以看出，镰田先生的稻田在生育中期的叶色变化波动很小，基本保持在叶色板 5.0 的水平上。为了达到这个目标，要控制水稻的生育进程，尽可能使外观的最高分蘖期和内在的幼穗形成期重叠，然后根据叶色分别在幼穗分化始期(出穗前 32 天)、枝梗分化期（出穗前 20 天）、减数分裂期（出穗前 10 天）的生育转换期施用穗肥，以使叶色保持平均。

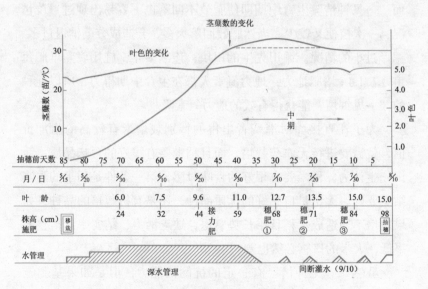

图 2　生育进程及技术设计

幼穗形成期必须确保相当的茎蘖数。但是镰田先生所在区域7月份容易出现天气不稳定、日照不足的现象，6月中旬必须达到30苗/穴的目标苗数。天气好的年度，水稻生育中期淀粉生产和对肥料的吸收良好，高位的分蘖也会长得又粗又大。可是遇到7月天气不好的年度，叶色不退，设计的穗肥会施不下去。日照不足的低温条件下，叶色过浓，虽然茎蘖数和每穗粒数较多，但稻瘟病容易发生，花粉发生量也少，还容易碰到障碍型冷害。

因此，尽管是中期重点型施肥，也不能过分稀植，影响中期生育。移栽后约1个月的6月20日调查，如果每穴苗数达不到目标苗数的一半（15苗以下），就要施用折纯氮每亩0.7 kg的接力肥，这次肥料对出穗前30天能否确保必要的有效茎蘖数非常重要。基肥减少时，遇天气不好则容易苗数不足，尤其是"一见钟情"，其分蘖力比"笹锦"弱，更需要注意。

进入7月份，随即排出深水，促进扎根，控制氮肥肥效，等叶色褪淡后追肥，力争保持叶色很少出现深浅变化。每次的追肥量，无论什么情况下，折纯氮都得控制在每亩0.7 kg以下，这是原则。

3 镰田稻作栽培的实际内容

3.1 育苗

粗茎大穗的中期重点型稻作的育苗很重要，俗话说"秧好半年稻"。实际上镰田先生培育的秧苗，对产量的影响程度达到50%以上。使用40 g播量的播种机，细心地条播，完全不施农药，可培育出4.5~5.0叶龄、苗高13~15 cm，比较粗短的壮苗。其中关键的两点是严格的种子处理和低温及节水管理促进根系生长。

图3是第4叶已展开，第5叶正在抽出的播种后40天的秧苗。

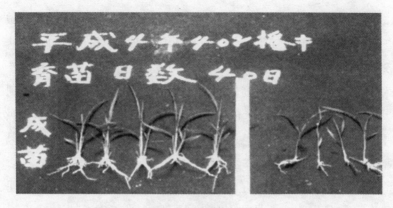

图3　移栽前的秧苗

注：图左为镰田先生的 40 g/ 盘播量中苗，图右为一般中苗。

由图 3 可以看到，镰田先生的中苗从根系至第 1 叶叶耳之间的距离很小，基本上都从第 1 叶叶腋内长出了 1 号分蘖。苗的高度则仍然与 2.5 叶龄的小苗相仿。这与稀播有关，但是如果采用高温、过湿的管理办法，即使稀播也仍然会出现徒长，而且长不出 1 号分蘖。如果秧苗长不出 1 号分蘖，单靠每亩 0.91 万穴、每穴 2 苗的稀植密度，中期要确保必要的茎蘖数目标是不可能的。下面介绍镰田先生育苗的操作顺序（见表 4）。

表4　育苗作业计划表

日期 （月/日）	作业名	作 业 内 容
3/15	盐水选种	配比重 1.14 的硫铵液
	浸种	稻种每 5 kg 装入 1 网袋，浸种 15 天，再用水冲洗（用水温较河水稍高的地下水）
	催芽	用 40 ℃左右的温水浸种 2~3 小时，然后用稻草、蒲草覆盖。早晚上下翻堆，3 天后呈破胸状态
4/1	播种	条播，40 g/ 盘，每亩 14 盘，每盘施复合肥（10–10–10）及育苗用 Makuhos 各 10 g

机插水稻稀植栽培新技术

日期 （月/日）	作业名	作业内容
	出芽	播后细孔喷雾，程度 2 个来回即可，盖土 1 cm； 在无纺布上平放秧盘，然后依次平盖上报纸、有孔膜、银色膜； 在育苗棚两侧排列木块，木块高度要比秧盘高出约 10 cm
4/6	除去覆盖	播后 4~5 天出芽后，除去报纸、有孔膜、银色膜
	喷水	出芽后喷水，再次盖土
4/20	防霜害	育苗大棚盖膜除去前准备好内部小拱棚框架，随时准备寒流来时盖膜应对
	追肥	3.5 叶龄时用 8-8-8 的液肥稀释 400 倍追肥，此外如见秧苗叶色褪淡时也可再追肥，一般仅 2~3 次

（1）种子精选

　　每盘 40 g 的超稀播，还要做到不用农药处理种子，所以对镰田先生来说，怎样精选出既不带病菌又有高发芽力的种子，显得尤为重要。

　　稻种引自山形县原种中心，因为宫城县日照量偏少，地产种子灌浆结实程度差于山形县，带菌率也高于山形县。种子取回后首先用传统风力选种机（唐箕）进行 2~3 次风选以除去空疵粒。然后用硫铵液替代盐水进行选种，选液比重要稍高于原定的 1.14 的标准。硫铵液用过后可以用作蔬菜等作物的液肥。通过以上两次选种，购入种子量的 20% 以上已被除去，虽然看上去用种量增大了，但因为是稀植栽培每亩 0.91 万穴的密度，实际栽到大田秧苗的用种量只要每亩 0.7 kg 就足够了。带稻瘟病菌的种子比健全的种子轻少许，所以这样严格精选后不仅提高了发芽率，还能通过不用药剂浸种的手段实行无病种子的精选。

（2）浸种

盐水选过后立即浸种，将稻种按每袋5 kg的量分装入网袋，然后浸入采自井下水温在10 ℃以下的地下水。一般用15~16 ℃的自来水浸种需1周时间，积温约100 ℃。按100 ℃积温要求延长10 ℃以下低温水的浸种时间，稻种能充分浸透，发芽整齐度提高。为此要经常将井水打入浸种容器，将水一面放流一面浸泡种子，以维持较低水温。这样做，发芽较慢的"一见钟情"种子约需浸种20天，发芽较快的"笹锦"需12~13天。

（3）催芽

浸种后将装有种子的网袋再浸入30 ℃温水中浸泡2~3小时，为催芽做准备。

如图4所示在育苗棚中铺上稻草，其上再铺上蒲包或草席，然后将稻种网袋在席上摊开，仍用席子、稻草依次覆盖。之后洒上30 ℃温水，盖上塑膜保温。早晚将稻种上下翻动一次，确保温湿度均匀，大体2~3天后种子呈现破胸状态。

"一见钟情"品种发芽较难些，催芽必须谨慎细心。催芽不充分会形成一些无效种子，反之如芽发得过长，又会影响播种效率和播种质量，甚至无法播种。

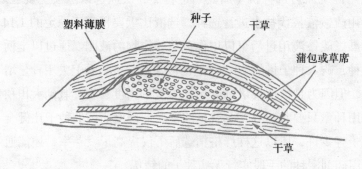

图4　催芽的方法

（4）育苗用土的准备和播种

育苗用 pH 值为 4.5~5.0 的山土，水田土通气、保水性差，还有稗草种子混入的风险。山土在前年就得采回，薄摊经太阳热消毒，再用碎土机破碎调整均匀后堆积备用。

3月下旬每秧盘用土中混入 10-10-10 的复合肥和育苗用 Makuhos 肥各 10 g。加进磷酸含量高的 Makuhos 肥，能促进根系生长，培育健壮秧苗，避免苗期使用任何农药。

播种按以下要领进行：先将育苗用土装满秧盘，与盘高度齐平；然后将预先制好的有 20 条突起的木板紧压，至秧盘出现 20 条播种沟；最后沿沟用 40 g 播量的播种机播撒种子。采用这样的条播方法，即使是每盘 40 g 的稀播，移栽时也基本不会出现缺棵（见图 5）。

图 5　40 g/ 盘播种量

播种后，先不盖土，如图 6 所示整齐排放在通风较好的育苗大棚内，事先耕整好地面，铺上无纺布膜，以防秧苗根系扎入土中。

图6 育苗秧盘的排列方法

图6所示秧盘排列与加盖宽幅拱棚的方法，能有效利用育苗大棚，而且育成的秧苗整齐均匀。大棚两侧要在秧盘旁摆放较厚的方木材（见图7），挡住棚外的寒气影响，防止靠边秧苗生育延迟。

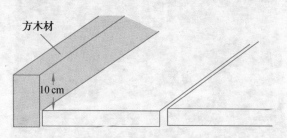

图7 在温室两侧裙边与秧盘之间摆放较厚的方木材

（5）发芽前的管理

排好秧盘后开始第1次浇水，浇水过重会冲翻移动稻种，用喷头装置喷出细雾状水滴，来回往返2次即可。此后直至芽长至5 mm的5~6天间，不再浇水，否则秧苗徒长。为了1次齐苗，第1次浇水非常重要，既要少量，又要使育苗土充分湿润。浇水后覆土，较干的覆土很快吸水变潮发黑，如不发黑，则说明浇水不足。尤其是"一见钟情"品种，由于发芽比较困难，尽量要把水浇均匀，确保发芽整齐。

覆土使种子盖没后，上面平盖覆盖材料（见图8），依次为报纸、有孔膜、银色膜（见图9）。报纸能防干燥；有孔膜除防水分蒸发外，还有保温效果；银色膜能防止中午高温烧苗及晚间低温障害。

图8　发芽前平盖覆盖材料

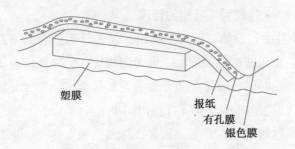

塑膜　　　　　　　　　　　报纸
　　　　　　　　　　　　　有孔膜
　　　　　　　　　　　　　银色膜

图9　覆盖材料及覆盖顺序

这样做能使秧盘内温度提高到 40 ℃，浇水水分蒸发，如果有孔膜上附着水滴，表明这时温度已保持在 40 ℃，而且不用担心烧苗。

发芽前棚内气温保持在 42~43 ℃。确保发芽整齐划一是最重要的。发芽不齐，会给以后的管理带来麻烦。如果 4~5 天内出苗不齐就得浇水，但浇水后温度增高，早发芽的苗更会徒长，整体秧苗就会愈来愈不整齐。

（6）发芽后到 2 叶期的管理

芽长 0.1 cm，除去覆盖物，进入最高温度 18 ℃的低温管理阶段。覆盖物揭得过迟，秧苗出叶速度变慢（一般 1 周出 1 叶），易出现高腰的徒长苗，还易发生死苗、立枯病等。

除去覆盖物后轻浇 1 次水，使被抬起的覆土重新沉落。浇水仍然不能多，否则容易徒长。浇水后可补上些覆土。

控制温度在 18~20 ℃以内，育苗棚必须勤快地进行换气，为此前面提出育苗棚必须安装在通风良好的地带。早 6 点开启棚两侧的裙边，午后 4 点关闭，以确保夜间温度。18 ℃的低温管理时，育苗土不怎么容易过度干燥，3~4 天浇 1 次水即可。尽量少浇水，干燥一些有利于发根，不易徒长。下午见到育苗土发白过干时，不要在傍晚浇水，因为白天高温条件下生长的根系突然遇冷会受伤，而且夜间多湿利于徒长，而在清早浇水，气温较低就不用担心这些了。

（7）3 叶期到 4 叶期的管理

4 月中旬，第 3 叶开始抽出，白天气温已急剧增高，育苗棚上部的覆盖薄膜必须除去，但两侧裙边作为防风用障碍物仍然要保留一段时间。镰田先生非常重视 1 号分蘖，第 3 叶抽出时如遇较高气温，则本应与第 4 叶抽出同步生长的 1 号分蘖就会出不来。所以，这时他要打开大棚顶部，降温防秧苗徒长。不过 4 月中下旬还有可能会遇到晚霜，为此如图 10 所示那样，除去顶部薄膜前，必须在棚内安装好小拱棚支架，一旦得到霜冻预报，立刻用旧膜盖上小拱棚保温，但膜不能平铺在秧盘上，因为平铺膜的内侧温度会等于甚至低于外面气温，秧苗有冻害风险。

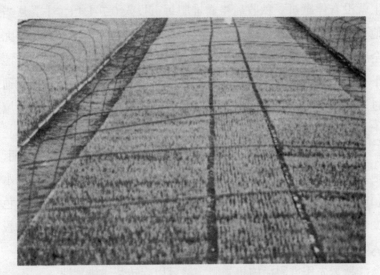

图10　事先做好覆盖薄膜的防霜准备

（8）4叶期至5叶期的管理

4月末，第4叶开始抽出，1号蘖的第1叶也开始抽出。这时稻谷种子中的养分已用完，所以叶片颜色稍有褪淡。此时（3.5叶龄期），可以用400倍稀释的银河1号8-8-8液肥结合浇水追肥，以促进1号蘖的长势。3.5叶龄追肥大体上在叶色有所褪淡时施用，与栽秧前2~3天施送嫁肥差不多，送嫁肥使叶色转深有利于苗的活棵。

因为培育的是中苗，比小苗的栽插期要推迟约2周。到5月中旬，就不用再担心晚霜了，水温、地温都已上升，稻苗栽入大田后活棵很快。

3.2　大田的准备

（1）培肥地力

镰田先生种稻的基本技术之一就是培肥地力。

自 1971 年当地大规模开展农田基本建设工程以来，镰田先生就没有停歇过。秋收后牛粪堆肥每亩投入 0.7~1.4 t，牛粪从当地畜产养殖农户处获得，是混入稻草的未熟堆肥，需堆置 1 年完全腐熟后才能施入田间。地力较高的水田，水稻生长期间肥效能平稳而缓慢地显现，水稻生育过程稳健正常，用不着伤脑筋地通过追肥来进行调整。镰田先生的水田，原本是地力很差的黑沙壤土，尤其需要大量堆肥的投入来改良土壤。

不过，如果堆肥投入过多也不是件好事。7 月份水稻生育中期，地力氮肥效过多显现会造成生育紊乱。所以每年都要观察田间水稻的茎蘖数、穗长以及枝梗的长度、株高、生育中期开始的叶色变化等，觉察到有地力氮过多的情况时，就得控制秋季堆肥的投入数量。

秋天先用堆肥撒施机施肥，然后用旋转犁浅耕翻埋。

（2）基肥少量，磷肥为主

4 月下旬耕翻土地，耕深 15 cm。基肥每亩用折纯氮 0.7 kg 的复合肥和 Makuhos 肥 27 kg。其实，大量施用堆肥后，基肥中的氮素成分可以不再添加，只是因为"一见钟情"分蘖力较弱，所以可少许施一点。总之，如果基肥中氮素成分多，生育中期氮素肥效和堆肥地力氮肥效合并显现，控制起来就会非常麻烦。另外，生育前期也是氮素成分少一些更有利于活棵和扎根。中期重点型栽培突出培育能长成粗茎大穗的一次分蘖，当一次分蘖确实已经获得以后，降低根圈范围内氮素浓度，能抑制弱小的二次分蘖，这样做是比较好的。

黑沙壤土施用一般磷肥效果差，Makuhos 中含有效果较好的磷肥，每年每亩 27 kg 即可。磷素吸收差时氮肥肥效优先，会造成稻体软弱。镰田先生从生育初期开始确保磷肥肥效，促进根系发达，培育粗茎大苗（见表5）。

表5 大田作业计划表

时间（月／日）	作业名	作业内容
收获后	改良土壤	为培肥地力，牛粪堆置1年腐熟，堆肥以0.7~1.4 t/亩用撒施机施入，旋转犁耕翻
5月上旬	改良土壤	改良黑沙壤土，用磷肥27 kg/亩撒施
5/6	耕翻秒耙	秒耙后，灌水至"青蛙鼻子水"程度，促杂草出芽，栽秧前2~3天，再次秒耙除草
5/14	秒耙	
5/16	栽秧	2~3苗/穴，0.91万穴/亩
5/17	田埂覆膜	栽秧后用铺膜机将田埂内侧铺上黑膜，深水灌溉
6/21	接力肥	7/10幼穗形成期前目标茎叶数为30苗/穴，如每穴不足15苗则每亩施折纯氮0.7 kg的接力肥
7月上旬	开沟	
	纹枯病预防	6月全月深水灌溉，7月防高温烂根开沟排水，间歇灌水；纹枯病沿田埂先发病，由点到面蔓延快，须先沿田边防治
7/7	第1次穗肥	折纯氮0.7 kg/亩，保持叶色平稳，不可忽深忽淡
7/18	第2次穗肥	折纯氮0.5~0.7 kg/亩，7/20前后颖花分化期施入，促大穗、增粒数
7/28	第3次穗肥	折纯氮0.5~0.7 kg/亩，减数分裂中期施入，防穗退化
10/10	收割	灌浆结实50天收割，枝梗枯黄前收完，田块四角手工收割

（3）2次秒耙和田埂覆膜

前面讲过，4月下旬耕翻秒耙后，5月中旬栽秧前2~3天再次秒耙。轻秒耙，均平田面。第1次秒耙过后，灌上"青蛙鼻子水"（田面这里或那里可见稍有露出水面的土块散布，形容田平水浅），促使稗草等杂草发芽，第2次秒耙则用旋转犁将这批发芽杂草埋没在土中。

为了确保能灌上深水，田埂必需达 20~30 cm 的高度，为此每隔 2 年，用筑埂机做一次新埂。

为了防止田埂漏水，用铺膜机将田埂覆盖上黑地膜（见图 11）。如果漏水过多，深水栽培就不容易做到，水温也不容易提高。黑膜还能防治杂草，减少田埂杂草的割取工作量。使用铺膜机，1 个人半个工作日可铺 30 亩面积田块的全部田埂。

图 11　田埂及其两侧覆盖黑膜

3.3　栽秧到生育初期

（1）活棵快，生育不停滞

40 g 的稀播能育出带 1~2 个分蘖、4.5 张以上叶片的中苗，每亩插秧 0.91 万穴、每穴 2 苗，每亩仅需 15~16 盘秧苗。栽秧前 2~3 天，秧田施用送嫁肥，粗茎大苗活棵很好。再有，为了防治杂草，半个月前耖耙后浅水灌入的田块，地温也得到了提高。小苗移栽在 5 月初早栽，有晚霜的担心，遇上不稳定的连日出现的春寒天气，小苗植伤严重。活棵差带来的是发根长叶迟缓和低位分蘖的退化。在每亩 0.91 万穴、每穴 2 苗的稀植情况下，要确保必要的穗数，出穗前 30 天无论如何必须得到一次分蘖。尤其像"一见钟情"这样分蘖力较差、穗形偏小的品种，如果活棵不好，茎蘖数必然会不足，穗粒数也会不足。

镰田先生 5 月 16 日栽秧，5 月 20 日活棵长出新叶。至 5 月 30 日长出新叶 1~1.5 张，叶龄达到 6 叶。

移栽用了改良型步行插秧机，以适合栽插每亩 0.91 万穴的稀植，如图 12 所示。秧爪由筷子爪改成了切块爪（见图 13），缺棵明显减少，实现了基本不再补苗的精度插秧。

图 12　中苗 0.91 万穴/亩稀植的田块

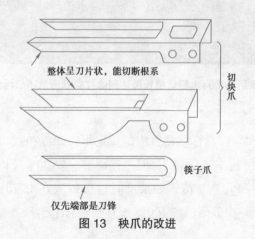

整体呈刀片状，能切断根系

切块爪

筷子爪

仅先端部是刀锋

图 13　秧爪的改进

（2）6月15日达到预定目标苗数的50%

移栽后直至6月底（出穗前40天），连续不断深水灌溉。由于不用除草剂，不会出现生育停滞现象，每隔5~7天会有1枚新叶长出。镰田先生每年如图2所示那样隔10天就调查一次茎蘖数、株高、叶色、叶龄等。茎蘖数在7月中旬的幼穗形成期达到预定目标就可以了，但希望有效茎蘖数（穗数）在幼穗开始分化的7月10日前也能达到预定目标。生育初期的状态诊断，在此前20天的6月20日进行，栽秧后约1个月，总叶片15枚的"一见钟情"此时正好是第10叶的抽出期，7号分蘖发生，4号的一次分蘖正在发二次分蘖，进入了分蘖激增期（见图14）。

图14　栽插后1个月水稻长相长势达到这样的状态就不必再追施接力肥

在这个时点，目标茎蘖数应是预定每穴30苗的50%以上（15苗/穴，折每亩13.6万苗），但"笹锦"只要30%（即10苗）就行。栽秧时每穴栽2苗，如果这时检查每穴在15苗以下，就表明有2~3个一次分蘖已经退化。5月到6月上半月，如连续低温，地力氮肥效又上不来，常常会出现这种情况。

　　出现这种情况时，就要施用接力肥，目的在于促进二次分蘖的发生，同时促进已有茎蘖的充实。接力肥用复合肥，按其三要素含量折纯氮每亩 0.7 kg 即可。这时尚处于深水灌溉期，10 天后落水并开始间断灌水，要在此前实现叶色加深、茎秆充实。尤其是分蘖力差一些的"一见钟情"，对其 6 月 20 进行的生育诊断要十分重视。

　　调查区每隔 10 天用市场有售的株高调查尺对茎蘖数、叶色、株高、叶龄进行调查，如图 15 所示。稀植、深水栽培比常规栽培的株高要高，而在这个时点，株高愈高，则苗茎愈粗，穗愈大。一般株高可达 33 cm，追求粗茎、大穗的镰田先生的稻田，株高要比别人家高出 10 cm。茎蘖数稍少一些但因为有株高保证，穗形肯定大，用不着担心！如果株高、茎蘖数都不足，就要多施接力肥了。

图 15　用株高调查尺调查（1992 年 6 月 30 日）

　　如果当年天气好，地力氮肥效显著，茎蘖苗数、株高会超过预定目标，这就没必要施用接力肥了。如果没有道理乱施接力肥，即使稀植，每穴也会长到45苗以上，生育中期的穗肥也没办法施用了。

3.4　生育中期

（1）深水转换成间断灌水

　　6月末即出穗前40天，连续保持12 cm以上的深水，用3~4天时间逐步落水放干，如图16所示。从出穗前40天开始，稻株的下部垂直深根、上部横向浅根、倒4叶到剑叶，这些灌浆结实期最活跃的根和叶都开始生长出来，10天以后幼穗开始分化，进入长穗期。这个生育中期阶段有一个怎样的生育过程，决定着今年稻作栽培的成败。

图16　直到6月底都是深水灌溉

　　此时将深水转换成落水、间断灌水，有以下几个原因：

　　① 排出田间由于连续处于还原状态而产生的气体，防止根腐，同时促进有活力的垂直根、表层根不断伸长。

② 田间脱水土壤变干，促进地力氮的肥效显现。饱水状态下肥效缓慢的氮肥开始集中发力，从而被吸收利用。这样对地力氮的残存量就能做到心中有数，有利于下一步适当地施用穗肥。

③ 落水后阳光直射稻株基部，促进稻株开张生长及较粗的高位分蘖发生。

④ 落水一定程度上使土壤更硬，反过来，收稻前可以不用过早断水。

要减少无效分蘖，不致倒伏，并且长出结实率高的大穗，在生育中期还必须根据当年的生育情况、天气，调节好3次穗肥的施用时间和施用量。

烤田也要逐步实施，傍晚上水到第2天早晨放水，连续3~4天，田面泥土开始收紧，至踩进去不陷脚仅留下足迹程度。经常深耕或耕作层较深的田块，逐步烤田时会出现大的龟裂。开沟以后的7月下旬能出现3~6 cm宽的裂缝。除了担心遇到障害型冷害（译注：孕穗至抽穗开花期遇突然的强寒流）深水保温外，原则上田间不再建水层，沟里水干了就傍晚上水，清晨放水，如此反复进行。一度干过的田再建水层，非常容易烂根。出穗以后，哪怕就1天时间田间保有水层，根系就会受伤。

（2）重要的开沟作业

落水后，田面泥土稍许板结，就每隔10~15行稻株用开沟机开沟并接通排水口，使全田同时一致地脱水干燥，否则会出现田间肥效的差异，使稻子长得有好有差。如果不开沟，田面低的部分水就排不出，容易烂根。水排不出的部分，氮肥肥效不断地少量释放，给施穗肥带来干扰，造成田间长势不匀，出现过好或过差的现象。

开沟以后全田肥效均匀，只有地力差的部分或耕土层浅的部分容易出现提早缺肥脱力、叶色变淡，这样施穗肥时，比较容易对施肥时间、施肥量进行判断与掌握。开沟以后排水方便，短时间即能完成，出穗后至成熟前不久，仍能方便地上水补充，直到最后，这样能维持水稻根系活力，提高结实率、千粒重。这些都受益于开沟这一重要作业。

（3）第1次穗肥促大穗

第1次穗肥在6月底落水后约1周（出穗前32天）施下，这时田间已有部分叶色褪淡的情况出现，每亩折纯氮施用0.7 kg。幼穗开始分化，接下来一次枝梗、二次枝梗开始分化，一般低位节间也开始伸长，叶色褪淡的比较多，但茎蘖数还在缓慢增长。如果最高分蘖期在此后4~5天能出现，叶色能不褪淡是最理想的。因为这样即便低位节间一定程度有所伸长，但是由于茎秆增粗，抗倒力也会提高。由于第1次穗肥的施用，一次枝梗会增多、增长，穗形就会变大。

不过叶色突然一下子转深也会带来困扰，二次枝梗数会增加过多，造成每穗着粒数过剩，而导致出现结实率下降的现象。再加上此时尚处分蘖增加期，分蘖数过多会带来穗数过剩的问题。这时必须全盘考虑茎蘖数、茎的粗度、地力氮的肥效等施用穗肥，施肥量要恰到好处，既不让叶色褪淡，也不使叶色变深，维持2个星期的叶色不变是最好的。

镰田先生在如此生育诊断的基础上，还结合考虑天气的趋势来选择肥料的种类和量。他使用多木肥料公司生产的加入多种微量元素的银河1号（8-8-8）和酵母敷岛（9-6-6）低浓度复合肥：如果茎蘖数稍有不足或者1~2周内天气比较好，对肥效的吸收比较有利时，就施氮素含量较高的酵母敷岛；如果遇连续低温或堆肥氮素施得较多，看上去肥效还在持续显现时，就用银河1号。

每亩6.7 kg的施肥量，用背负式动力喷雾机均匀地撒布，田间叶色开始褪淡的地方稍稍多施一些。每亩折纯氮仅0.7 kg的量，必须使用低浓度的复合肥料，撒布才能很好地掌握。以上两种肥料除三要素外，还含有微量元素。生育中期的肥料必须含有磷酸成分以保持肥料种类的平衡，否则水稻的正常生育进程会被打乱。微量元素还能提高米饭的食味及口感品质。

（4）第2次穗肥保粒数

第1次穗肥以后约2周，倒2叶抽出约一半，出穗前约20天（约在7月20日）时施第2次穗肥。这时幼穗长0.3~0.5 cm，颖花开始大量分化。想要形成大穗，这次穗肥是最重要的一次。颖花分化好，颖的发育好，颖花就大，千粒重就重。

如果这时由于茎蘖数过剩，出现稻行间提早封行的情况，则不管叶色如何褪淡，也不能再施第2次穗肥了。如图17所示，稻行仍有空隙，从上向下能看见田面，施穗肥正好。这时倒2叶抽出一半，还有1.5张叶片没有出来，往后节间将进入伸长旺盛期。如果已经封行，表明以后稻株的受光程度将变坏，下部叶片会很快枯萎，根系衰退，灌浆结实变差，倒伏的危险增大。由于通风透光条件差，稻瘟病也容易发生。

图17　抽穗前20天，施第2次穗肥时稻的长相

（5）第3次穗肥防退化

到出穗前 10 天，剑叶抽出，叶面积达最高点时，幼穗就增大到了减数分裂期，如图 18 所示。这是水稻一生中最关键的时期，缺肥会引起好不容易长成的颖花退化，迟发分蘖退化；肥料过头或氮素过剩又会使叶色很快转浓，变得更容易感染稻瘟病。和前两次穗肥一样，第3次穗肥要待到叶色稍有褪淡时施用，但又不能使叶色变化过大，基本维持叶色处于平稳状态，这是穗肥施用的原则。天气不同会造成对肥料的吸收量和出叶速度的不同，总之，多观察叶色，按叶色施用穗肥是最要紧的事。

图 18　抽穗前 10 天水稻的长相

抽穗后 2 周水稻的长相如图 19 所示。

天气好的年份，淀粉生产能率高，一定程度的较深叶色反而更好些；可是低温、日照不足的年份，维持一定程度的较浅叶色，可以减少空疵粒和乳白米粒。

图19　抽穗后2周水稻的长相

（6）病虫害防治

镰田先生的目标是减农药栽培，希望尽量不使用农药。可是要培育粗茎大穗，就容易发生纹枯病。一旦发病，病原菌浮于水面移动侵染稻株，不需多长时间就会蔓延开来。为此，7月份要将田埂上的杂草割干净，杂草是纹枯病病菌的寄主，往往成为纹枯病发病之根源。耙田整地时，附着纹枯病病菌的稻草碎屑随风被吹向下风向田埂边集中，所以田边的稻株容易发生纹枯病。7月上旬，应该对田边1.5 m范围内集中喷撒防治纹枯病的农药。最近，让人困扰的还有椿象虫害。它在乳白期刺破稻粒吸取汁液，造成斑点米的发生，降低稻米品质。为此要在水稻出穗前10~7天内撒施1次防治农药。就是这一虫一病，尚未找到防治的好方法，有点伤脑筋。

3.5 生育后期

（1）粒肥看天气

出穗开始时，叶色会转浓。如果叶色深不起来，就表示根系已衰退。一般出穗后地力氮肥效会明显显现，所以为了提高稻米的食味品质，常常控制粒肥的施用。如果天气好，有利于肥料的吸收，可以稍微施一点（每亩施折纯氮 0.7 kg）。出穗后 20 天左右，氮素吸收结束，如果叶色逐渐变淡，就不用担心当年稻米的食味品质了。当然，结实率、精整米率愈高，食味就会愈好，但想既有大穗，结实率又高，就要求出穗后维持较高的肥效了。不过，8 月天气不好时，施粒肥会引起乳白米增加。总之看天气、叶色变化，在齐穗期做出是否施粒肥的判断。

（2）收获

出穗后一个月内连续间断灌水。大穗稻的灌浆结实时间要长些，尽量推迟一点断水。只要枝梗是绿的（还活着），结实过程就还在进行中，哪怕千粒重提高一点儿，也是增产。

大概出穗后 50 天，枝梗已经有一半以上枯黄时，就可以收割了。此时如果还有 2~3 枚叶片是绿的，表明结实良好。收割在露水已经消失的上午 10 时开始，烘干时温度尽可能低一些，不要干燥过度，造成浪费。我们生产的是直接卖给消费者的特别栽培米（译注：农药施用次数、化肥成分中的氮素施用量为当地常规的 50% 以下），要注意卖出时大米的水分含量。

执笔　日本农山渔村文化协会编辑部

写于 1993 年

后记

现代农业的发展，离不开国际科技交流与合作。2006 年以来，镇江市科学技术协会（简称镇江市科协）与日本农山渔村文化协会（简称日本农文协）合作开展了以现代农业为主题的一系列民间国际科技交流活动，促进了镇江市现代农业的发展。在多年合作交流过程中我们逐渐意识到，想要借助日本农文协的资源，将日本现代农业中的新理念、新技术引进来，让广大农技人员和农民掌握，以更好地推动江苏现代农业的发展，就有必要针对江苏农业的实际情况，有选择地介绍一些先进的实用技术，供农业科技人员和农民学习和参考。经过多年的努力，江苏省科学技术协会（简称江苏省科协）国际部、镇江市科协与日本农文协达成共识，决定合作翻译出版"日本现代农业实用技术丛书"。

"日本现代农业实用技术丛书"选材于日本《现代农业》杂志，由知名的"三农"专家赵亚夫精选主题并组织翻译出版，为农业科技工作者、农业生产大户和广大农民介绍日本现代农业的新理念、新技术，推广普及农业科学知识和有效方法，提高农民科技致富的能力，对于加强中日农业科技交流、促进江苏省乃至全国"三农"发展意义重大。

该丛书的出版，得益于江苏省科协国际部、镇江市科协与日本农文协持之以恒的合作交流，得益于以赵亚夫为代表的数十年如一日始终耕耘在现代农业广袤土地上的广大农业科技工作者，得益于江苏全省上下着力推进农业现代化的大好环境。近年来，江苏省科协、镇江市科协与日本农文协合作举办了"中日现代农业论坛"，共建了中日现代农业科技合作实验基地等系列农业科技交流活动，这些都为开展丛书的翻译出版合作奠定了良好的基础。丛书第一册《机插水稻稀植栽培新技术》的问世，历经江苏省科协国际部、镇江市科协与日本农文协前后 3 年的磨砺推进，尤其是本书主译赵亚夫先生的倾心努力，他不顾年老体弱和"农务"繁忙，从确定主题、选择翻译到文字校对，无不亲力亲为、全身心投入，将他 50 年来矢志"三农"和中日农业交流所积累的智慧和经验倾注到书中，如果没有他的努力，就不会有这本书的顺利出版，在此表示衷心的感谢和敬意！

当前，江苏省正在积极推进苏南现代化示范区建设，其中农业现代化是一个重要组成部分，而加快推进农业现代化，重点在于培育有文化、懂技术、会经营的新型农民。所以，翻译出版"日本现代农业实用技术丛书"，对提高农业科技人员和农业从业人员的科技素养、职业技能和经营能力会起很好的帮助和促进作用。

今后，我们将紧密结合现代农业发展的省情和市情，精选主题，继续扎实地组织开展丛书的翻译出版工作，将更多的农业新技术、新成果引入国内，力争将丛书打造成中日农业科技交流的窗口、引进海外智力成果的平台和普及推广农业科技知识的重要媒介。

镇江市科学技术协会
2014 年 5 月